विविध पिकांचे पेरणीयोग्य वाण

डॉ. दिलीपराव देशमुख बारडकर

सकाळ प्रकाशन

Vividh Pikanche Perniyogya Waan
© Diliprao Deshmukh Baradkar, 2022

विविध पिकांचे पेरणीयोग्य वाण
© दिलीपराव देशमुख बारडकर, २०२२

प्रथम आवृत्ती	:	ऑगस्ट २०२२
मुखपृष्ठ	:	जावेद मुजावर
मुद्रितशोधन व मांडणी	:	अश्विनी महाजन
प्रकाशक	:	सकाळ मीडिया प्रा. लि.
		५९५, बुधवार पेठ, पुणे ४११ ००२
मुद्रणस्थळ	:	
ISBN	:	978-93-95139-23-6
संपर्क	:	०२०-२४४० ५६७८ / ८८८८८ ४९०५०
		sakalprakashan@esakal.com

सेंद्रिय शेतकऱ्यांची प्रतिज्ञा

भारत माझा देश आहे.

सारे भारतीय माझे बांधव आहेत.

माझ्या शेतीवर माझे प्रेम आहे.

माझ्या देशातील पुरुष व स्त्रियांना समान हक्क असेल.

माझ्या देशातील पारंपरिक बी-बियाणे आणि विविधतेने नटलेल्या संस्कृतीचा मला अभिमान आहे.

त्या पारंपरिक बी-बियाणे व सेंद्रिय शेतीचे संरक्षण करण्याची पात्रता
माझ्या अंगी यावी म्हणून मी सदैव प्रयत्न करीन.

मी माझ्या शेतात आणि परिसरात असलेल्या पशुपक्षी, वनस्पती, प्राणी, सूक्ष्म जीवजंतू व
सेंद्रिय बी-बियाणे यांचे संरक्षण करीन.

मी पाण्याचा योग्य वापर करीन व जलचरांचे संवर्धन करीन.

मी सेंद्रिय खते व बी-बियाणे तयार करून त्याचाच वापर करीन व जमिनीला जिवंत ठेवीन.

मी माझ्या सेंद्रिय शेतीत विषारी औषधी रासायनिक खते तसेच जीवात्मक प्रक्रिया केलेले बीज
वापरणार नाही व बीजप्रक्रियेसाठी नैसर्गिक व पारंपरिक पदार्थांचाच वापर करीन.

माझी सेंद्रिय शेती व माझे सेंद्रिय शेतकरी बांधव यांच्याशी निष्ठा राखण्याची मी प्रतिज्ञा करत आहे.

त्यांचे कल्याण आणि त्यांचा विकास यातच माझे सौख्य सामावलेले आहे.

सौजन्य : ग्रामपरिवर्तन, पुणे

मनोगत

सध्या हवामानबदल (क्लायमेट चेंज) हा जागतिक स्तरावरचा महत्त्वाचा प्रश्न बनला आहे. वर्षभरात न जाणवणारी थंडी, लवकर व तीव्रतेने सुरू झालेला उन्हाळा, अवेळी होत असलेला पाऊस या स्वरूपात आपल्याला हवामानबदलांचे परिणाम जाणवू लागले आहेत. त्याचे उत्पादनावर विपरीत परिणाम होत आहेत. मात्र, पिकांचे सरळ, सुधारित वाण निवडून, संकरित वाणांना दुय्यम प्राधान्य देऊन पेरणी केली तर या परिणामांची तीव्रता कमी करता येते.

इंटरनॅशनल क्रॉप्स रिसर्च इन्स्टिट्यूट फॉर द सेमी-एरिड ट्रॉपिक्स (इक्रिसॅट - ICRISAT) या ग्रामीण विकासासाठी कृषी संशोधन करणाऱ्या आंतरराष्ट्रीय संस्थेचे मुख्यालय पाटनचेरू (हैदराबाद, तेलंगणा) येथे असून, येथील शास्त्रज्ञांच्या कार्यरत संशोधन योजना (ऑपरेशनल रिसर्च प्लॅन) व अहवालानुसार हवामानबदल परिणामास समर्थपणे तोंड देण्यासाठी त्रिसूत्री उपाययोजना सुचवली आहे :

१. शेतकऱ्यांनी कमीत कमी निविष्ठांचा (लो इनपुट ॲग्रिकल्चर) वापर केल्यास हवामानबदलामुळे होणारे नुकसान सुसह्य होईल.

२. पिकांचे सुधारित वाण व माती-पाणी व्यवस्थापनांच्या पद्धतींचा वापर केल्यास हवामानबदल होऊनही चांगले उत्पादन काढता येईल.

३. वाढत्या तापमानाला अनुकूल असणाऱ्या पीक जातींचा वा वाणांचा अवलंब केल्यास तापमानवाढीमुळे होणारे नुकसान पूर्णपणे टाळता येणेही शक्य होऊ शकते.

या बाबींचा विचार करून माहिती, प्रकाशने, अनुभवांचे संकलन करून ते पुस्तकरूपाने वाचकांपुढे सादर करत आहे.

सेंद्रिय शेती ही एक जीवन पद्धती आहे. केवळ पिकांचे उत्पन्न वाढवण्यापुरती ही संकल्पना मर्यादित नाही. यामुळे संपूर्ण मानवजातीला याचा उपयोग होणार आहे. 'जसा आहार तसा विचार' असतो. सात्त्विक आहाराच्या सेवनाने त्यांचा कौटुंबिक, नैतिक, सामाजिक, आर्थिक व मानसिक विकास होणार आहे. अशा या संपन्न शेती पद्धतीकडे आत्मीयतेने पाहून त्याचे अवलंबन करण्याची गरज आहे.

जागतिक तापमानवाढ, प्रदूषण, अन्नसुरक्षा या सर्व प्रश्नांवर सेंद्रिय शेती पद्धती हा अत्यंत प्रभावी उपाय आहे. मात्र, त्याचा शास्त्रीय दृष्टिकोनातून अभ्यास करण्याची, कालबद्ध कृतिकार्यक्रम आखण्याची व त्याची प्रभावी अंमलबजावणी करण्याची गरज आहे.

डॉ. विजय भटकर यांनी सेंद्रिय शेतीची सोपी, सरळ व्याख्या केली आहे : 'सेंद्रिय शेती म्हणजे देशी गायीच्या मदतीने निसर्ग, विज्ञान व अध्यात्म यावर आधारित शेती.' परंतु दुर्दैवाने आजची प्रचलित रासायनिक शेती पद्धती निसर्गाकडे दुर्लक्ष करणारी, पीकवाढीचे मूळ विज्ञान समजून न घेता समग्र विज्ञानाकडे दुर्लक्ष करणारी आहे. आजचे कृषी विज्ञान अन्नाकडे केवळ व्यापारासाठी लागणारी एक वस्तू (कमोडीटी) म्हणून पाहते. अन्न हे पूर्णब्रह्म असून, ती निर्जीव वस्तू नव्हे, असा आध्यात्मिक विचार त्यामागे नसतो. शेतकऱ्यांनी अन्नउत्पादनाकडे बघण्याचा दृष्टिकोन बदलण्याची गरज आहे.

शेतकऱ्यांनी मनाशी एक खूणगाठ बांधावी, की आपल्या शेतावर आपला १०० टक्के अधिकार नाही. आपल्याला सगळी जमीन केवळ आपल्याच पोटासाठी (अन्न) व खिशासाठी (पैसा) वापरायची नाही. निसर्गानी हा अधिकार आपल्याला दिलेलाच नाही. आपला कायमस्वरूपी एक वाटेकरी आहे, ते म्हणजे जमिनीतील सूक्ष्म जिवाणू व गांडुळे! या जिवांसाठी काही क्षेत्र मुद्दाम राखून ठेवले पाहिजे. त्यांची भूक भागवली, त्यांच्या अन्नाची, संवर्धनाची सोय केली तरच तुमचे पोट अन्नाने भरेल व खिसा पैशाने!

प्रचलित रासायनिक शेती पद्धतीमध्ये शेतकऱ्यांचा चार प्रमुख गोष्टींवर खर्च होतो :

(१) बियाणे (२) रासायनिक खते (३) कीड, रोग व तणनाशके (४) मजुरी

एकात्मिक शाश्वत शेती पद्धतीमध्ये सेंद्रिय व बायोडायनामिक शेती तंत्रज्ञान विकसित करण्यात आले आहे. त्याचा अभ्यास डोळसपणे करून त्याची योग्य पद्धतीने, योग्य वेळी, तंतोतंत अंमलबजावणी केली तर या चारही गोष्टींवर होणारा खर्च निम्मा कमी करता येऊ शकतो. तूर्त या पुस्तकात पहिली निविष्ठा 'बियाणे' यावरच भर देण्यात येत आहे.

शेतकऱ्यांनी पिकांच्या सरळ, सुधारित वाणांचीच प्राधान्याने निवड करावी. ते उपलब्ध नसतील तर संकरित वाण घ्यावे. जनुक परिवर्तीत (जेनिटिकली मॉडिफाईड) बियाणे तर अजिबात वापरू नये. सरळ, सुधारित वाणांचे बियाणे स्वतःच व्यवस्थित निवडून सांभाळून ठेवले तर दर वर्षी बियाण्यांवर होणारा खर्च वाचेल.

कापसाच्या बाबतीत 'फुले धन्वंतरी, फुले ७९४, एनएच ५४५, तुराब' यांसारखे वाण पेरले व पहिल्या वेचणीचा कापूस वेचून, सरकी काढून पुढील वर्षासाठी बियाणे ठेवले तर बियाण्यांचा खर्च वाचतो. सोयाबीन पीक बियाण्यांपुरते गैरहंगामी म्हणजे रब्बी किंवा उन्हाळ्यात पेरले तर त्याचे उत्पन्न कमी येते. परंतु ९१ टक्के उगवणशक्ती असलेले ताजे बियाणे खरीपमध्ये हाताशी येते. बाजारातल्या बियाण्याची उगवण क्षमता फक्त ७० टक्के असते. याच पद्धतीने ज्वारी, मका, तूर, मूग, उडीद या पिकांच्या सरळ वाणांचे बियाणे जतन करून बियाण्यांचा खर्च वाचवता येतो.

या पुस्तकात नगदी, तृणधान्य, तेलबिया, कडधान्य, भाजीपाला, मसाला पिके, फळझाडे, फूलझाडे, औषधी वनस्पती व चारापिकांसह एकूण १६३ पिकांच्या सरळ, सुधारित, संमिश्र व संकरित वाणांची (जातीची) माहिती देण्याचा प्रयत्न केला आहे. तसेच त्यांची उपलब्धता व त्याबाबतचे मार्गदर्शन मिळवण्यासाठी संपर्कांची व संकेतस्थळांची माहिती दिली आहे.

बियाणे पेरणीची नेमकी वेळ पाळली तर पिकांचे उत्पन्न वाढू शकते, याचे विवेचन करणारी बायोडायनामिक शेती पद्धतीची माहिती वाचकांसाठी दिली आहे.

महाराष्ट्रातील चार कृषी विद्यापीठांची प्रकाशने, शास्त्रज्ञांचे प्रकाशित लेख, शेतकऱ्यांच्या यशोगाथा या सर्वांचा आधार घेऊन १६३ पिकांच्या सुधारित, सरळ, संकरित वाणांची व पेरणीबाबत माहिती सादर केली आहे. वाचकांनी या माहितीचा आधार घ्यावा व आपली जमीन, हवामान, पाण्याची उपलब्धता, बाजारपेठ व उपलब्ध साधनसामग्रींचा विचार करून सोयीच्या पिकांची, योग्य वाणाची निवड करावी व त्यात स्वतःच्या अनुभवाची जोड देऊन शेती करावी.

मी स्वतःला सेंद्रिय व बायोडायनामिक शेती पद्धतीचा अभ्यासक समजतो. स्वतःचा अनुभव व उपलब्ध साहित्य व माहितीच्या आधाराने पुस्तक लिहिले आहे.

प्रा. डॉ. दाभोळकर यांनी सांगितल्याप्रमाणे, शेतकऱ्यांनी 'विज्ञान हा गुरू, प्रयोग ही पाठशाळा व प्रचिती ही परीक्षा' असे समजावे. आणि स्वतःचे मन अध्यात्मवादी, डोळे विज्ञानवादी व बुद्धी व्यवहारवादी ठेवून शेती करावी व समृद्ध व्हावे!

१९९५पासून रासायनिक शेतीपासून परावृत्त करणारे कृषिगुरू कै. ॲड. मनोहरभाऊ परचुरे (नागपूर), अध्यात्माचे गुरू वासुदेवराव खंदारेगुरुजी (केज), सेंद्रिय शेती अभ्यासाच्या वाटचालीत मुक्त संधी देऊन आयुष्याला कलाटणी देणारे विक्रम बोके (अध्यक्ष, महाराष्ट्र ऑर्गॅनिक फार्मिंग फेडरेशन, पुणे) यांचा मी आजन्म ऋणी राहीन.

माझी सुविद्य पत्नी सौ. विजया, मुलगी डॉ. आरती व जावई जीवन व्यवहारे यांच्या प्रोत्साहनामुळे मी लिखाण पूर्ण करू शकलो. त्यांचा मी ऋणी आहे.

सर्वांत महत्त्वाचे म्हणजे वाचकांपुढे माझे लिखाण नेण्याची संधी 'सकाळ प्रकाशन'ने दिली. त्याबद्दल त्यांचेही आभार मानतो.

दिलीपराव देशमुख बारडकर

मोबाइल : ९८८१४ ९७०९२

इ-मेल : dilipraodbaradkar@gmail.com

अनुक्रमणिका

विभाग १

लागवडीपूर्वी

लागवडीपूर्वी शेतजमिनीचे सशक्तीकरण

सेंद्रिय वा बायोडायनामिक शेती करताना जमिनीचे क्षेत्रफळ मोजून घेऊन त्यानुसार माती, खते, बियाणे आणि पाणी यांचे नियोजन केल्यास अधिक नफा मिळू शकतो.

शेताबाबतची काळजी

- आपले संपूर्ण शेत मोजून घ्या, म्हणजे जमिनीच्या क्षेत्रफळानुसार पिकाच्या निविष्ठा मोजून वापरता येतील.

- शेतातील मातीची तपासणी (मृदापरीक्षण) करून घ्या. प्रामुख्याने मातीतील सेंद्रिय कर्ब, कर्ब-नत्र गुणोत्तर, सामू, ईसी व सूक्ष्म जिवाणूंची एकूण संख्या (TMC - Total Microbial Count), प्रति ग्रॅम माती, चुनखडीचे प्रमाण तपासून घ्या.

  उपलब्ध मूलद्रव्ये - नत्र-स्फुरद-पालाश, सूक्ष्म मूलद्रव्ये तपासण्याची गरज नाही. द्विदल पीक, हिरवळीचे पीक, मिश्र पीक, सूक्ष्म जिवाणूंच्या साहाय्याने त्यांची पूर्तता होते.

- विहिरीचे / बोअरवेलचे पाणी तपासून घ्या. त्यातील ईसी, सोडिअम सल्फेट, सोडिअम, एकूण विद्राव्य खनिजे तपासा.

- शेताची बांधबंदिस्ती करून शेतातील माती पावसाळ्यात शेताबाहेर वाहून जाणार नाही याची व्यवस्था करा.

- काटेरी झुडपे काढून शेताचे बांध स्वच्छ करा. मोठे वृक्ष तोडू नका. पिकावर सावली करणाऱ्या झाडाच्या फांद्या तोडा, मोजकी बाभळीची झाडे ठेवा. त्याच्या शेंगा निविष्ठा म्हणून वापरता येतील.

  पिकाभोवती बांधावरील पीक (Border Crop) लावता येईल एवढी जागा मोकळी करा. त्यामुळे शेतात जैवविविधता, पक्षिनिवारा, मित्रकीड, मित्रबुरशी वाढण्याचे माध्यम, मायक्रोक्लायमेट, वारारोधक (Wind Break) असे हेतू साध्य होतील.

- एकूण शेतापैकी एक-तृतीयांश क्षेत्र योग्य फळपीक लागवडीसाठी ठेवा. पाण्याची कमतरता असेल तर सीताफळ, बोर, आवळा यांसारख्या कोरडवाहू फळझाड लागवडीचा विचार करा.

- ठिबक संच जोडणी करा.

शेताच्या बांधावर वृक्ष लागवड

शेताच्या बांधावर आंबा, जांभूळ, चिंच यांसारख्या वृक्षांची अथवा पिकांची लागवड केल्यास शेतातील जैवविविधता वाढते. पिकांना संरक्षण मिळण्याबरोबरच दीर्घ काळ ओलावा टिकून राहिल्याने पाण्याची बचत होते.

लावण्यायोग्य वृक्ष : शेवगा, बाभूळ (अ‍ॅकेशिया मेलीफेरा), गिरिपुष्प (ग्लिरिसिडीया), रुई, करवंद, बांबू, पपई, घाणेरी, वसाका, नीम, एरंडी, आवळा, डाळिंब, पेरू, अंबाडी, सीताफळ, शेवरी, सागवान, रोजवुड, अशुपाल, धोतरा, तुळस, झेंडू, अशोका, पळस, जांभूळ, वड, कवठ, आंबा, चिंच, करंज, अर्जुन, रिठा, गुग्गुळ

लागवडीचे फायदे

शाश्वत शेती पद्धतीमध्ये बांधावर विविध वृक्ष-पिकांची लागवड केल्यास अनेक फायदे मिळतात :

१. वारारोधक : मुख्य पिकांना सोसाट्याच्या वाऱ्यापासून, थंडीच्या लाटेपासून संरक्षण मिळते.

२. शेतातील जैवविविधता (बायोडायव्हर्सिटी) वाढते. त्यामुळे पक्ष्यांना निवारा मिळतो. मित्रकिडींची व बुरशींची वाढ होण्यास मदत होऊन कीडरोगावर जैविक नियंत्रण मिळते.

३. मुख्य पिकांना चोर, जंगली जनावरे (रोही, रानडुकरे, हरणे) यांच्यापासून संरक्षण मिळते.

४. मुख्य पिकांना बुडाशी व दोन ओळींमध्ये जैविक आच्छादना (मल्चिंग)साठी बायोमास मिळतो. त्यामुळे पिकाला अनुकूल मायक्रोक्लायमेट मिळते. तापमान, ओलावा टिकून राहतो व तणांचा प्रादुर्भाव कमी होतो.

५. शेतमालकाला खाण्यासाठी फळे, इंधनासाठी लाकूड, भाजीपाला मिळतो.

६. फळझाडे : डाळिंब, आंबा यांना फलधारणा झाल्यावर आधार देण्यासाठी काठ्या मिळतात.

७. शेतातील पिकांना दीर्घ काळ ओलावा मिळतो व सिंचन कमी झाल्याने पाण्याची बचत होते.

८. सेंद्रिय निविष्ठा उदाहरणार्थ, दशपर्णी, पंचपर्णी यांच्यासाठी जैविक व वनस्पतिजन्य औषधी पाला उपलब्ध होतो.

निविष्ठांबाबत

- शेतात गायी, म्हशी, बैल, शेळ्या असल्या तर चांगले; नसतील तर किमान एक-दोन देशी (गावरान) गायी घ्या. दुधाची नसली तरी चालेल. उलट, भाकड देशी गायीचे शेण व गोमूत्र जास्त उपयुक्त व परिणामकारक असते.

- गायीचे ताजे शेण व गोमूत्र स्वतंत्रपणे गोळा करण्याची सोय करा.

- शेणखत खड्ड्यात तयार करण्याऐवजी जमिनीच्या पृष्ठभागावर थर रचून बायोडायनामिक कंपोस्ट तयार करण्यासाठी जागा स्वच्छ करा.

- बियाण्याची तरतूद करा. हिरवळीचे पीक, आंतरपीक, मिश्रपीक, पिकाभोवती बॉर्डर क्रॉप - बियाणे / कलमे यांचे नियोजन करा.

- शक्य असेल तर लहान ट्रॅक्टर, ग्रास कटर यांचा विचार करा.

- बायोडायनामिक काउ पॅट पिट (सीपीपी)चे खड्डे तयार करण्यासाठी जागा निवडा.

- १०० व २०० लीटरच्या प्लास्टिक टाक्या, २० लीटरची प्लास्टिकची बादली, कात्री तयार ठेवा.

- बायोडायनामिक प्लँटिंग कॅलेंडर (चालू वर्षाचे) उपलब्ध करा. (संपर्क : www.biodynamics.com, www.organichutbkk.com).

- तंत्रज्ञान मार्गदर्शनासाठी पुस्तके मिळवा.

- पिकांच्या हिशेबाची नोंद ठेवा.

शेतजमीन सशक्त करण्यासाठी

रासायनिक शेतीकडून सेंद्रिय शेतीकडे वळणाऱ्या शेतकऱ्यांचे पिकाचे उत्पादन पहिल्या वर्षी हमखास कमी होते. कारण, अयोग्य शेती पद्धतीने मुळातच जमीन अशक्त व आजारी झालेली असते. म्हणून जमिनीतील ह्युमस, सेंद्रिय कर्ब, सूक्ष्म जिवाणू, मित्रकिडी व मित्रबुरशी, गांडुळे व अन्य जीवजंतू कमी कालावधीत प्रचंड प्रमाणात वाढवण्यासाठी ॲरोग्रीन (हिरवळीचे पीक) बियाण्यांची पेरणी करून पीक जमिनीत मिसळणे अत्यंत महत्त्वाचे आहे. किंबहुना, सेंद्रिय शेतीची पहिली पायरी म्हणजे Green Manuring with Arogreen आहे.

केवळ धैंचा किंवा ताग या एकाच पिकाचे हिरवळीचे पीक घेतले तर काही ठरावीक गटाच्याच सूक्ष्म जिवाणूंची संख्या वाढते. त्याऐवजी एकदल, द्विदल, तेलवर्गीय व औषधी पिकांच्या बियाण्यांपासून (ॲरोग्रीन) हिरवळीचे पीक घेतले तर विविध गटांचे सूक्ष्म जिवाणू जमिनीत स्थिर होतात व वाढतात.

या शेतात नंतर हळद, ऊस, केळी यांसारखे खादाड पीक घेतले तरी ते रासायनिक खताशिवाय चांगले येते, हा अनुभव आहे.

ॲरोग्रीन बियाण्यांचे मिश्रण

ज्वारी किंवा बाजरी - हरभरा प्रत्येकी ५ किलो, उडीद - मटकी - मूग - चवळी - मेथी प्रत्येकी १ किलो, तीळ - कारले प्रत्येकी २०० ग्रॅम, मिरची - धणे - सूर्यफूल - अंबाडी प्रत्येकी ५०० ग्रॅम, ताग - धैंचा १० किलो, राजगिरा १०० ग्रॅम

हे अंदाजे ३० किलो बियाणे प्रति ०.४० हेक्टर वाफसा असलेल्या जमिनीत पेरावे. निरनिराळे वाण एकत्र करताना ॲरोग्रीन बियाणे मिश्रणात किमान ६० टक्के द्विदल, ३० टक्के एकदल व १० टक्के तागवर्गीय, औषधी, तेलवर्गीय पिकांचा समावेश होईल, याची खात्री करावी.

ॲरोग्रीन मिश्रणाऐवजी एकदल, द्विदल, तेलबिया व मसाला बियाण्यांच्या मिश्रणाचा वापर करून चांगले उत्पन्न घेता येते.

- **एकदल बियाणे :** उदाहरणार्थ, गहू, ज्वारी, मका, बाजरी प्रत्येकी १ किलो (४ किलो)
- **द्विदल बियाणे :** उदाहरणार्थ, तूर, मूग, उडीद, मटकी, चवळी प्रत्येकी २ किलो (८ ते १० किलो)
- **तेलबिया बियाणे :** उदाहरणार्थ, सूर्यफूल, सोयाबीन, भुईमूग, करडी प्रत्येकी १ किलो (४ किलो)
- **मसाला बियाणे :** उदाहरणार्थ, मेथी, शेपू, धणे, राजगिरा, कारले, मोहरी प्रत्येकी १०० ग्रॅम (५०० ग्रॅम), ताग (५ किलो), धैंचा (५ किलो)
- **एकूण बियाणे :** ३० ते ३५ किलो

हलकी, मुरमाड जमीन असेल तर ॲरोग्रीन बियाण्यांचे मिश्रण वापरावे.

ताग - धैंचा - गवार प्रत्येकी ५ किलो, मूग - उडीद - तूर प्रत्येकी ३ किलो, सोयाबीन - सूर्यफूल - मोहरी - दोडका - भोपळा - दुधी प्रत्येकी १ किलो, तीळ २०० ग्रॅम ज्वारी - मका प्रत्येकी २ किलो

वाफसा असलेल्या जमिनीत हे बियाणे अंदाजे ३० ते ३५ किलो प्रति ०.४० हेक्टर पेरा. पेरणीनंतर पीक १० ते २० टक्के फुलावर आल्यावर त्यावर २५ ग्रॅम बायोडायनामिक ५०० प्रीपरेशन ४० लीटर पाण्यात मिसळून ०.४० हेक्टर क्षेत्र पिकावर फवारून तव्याच्या वखराने (Disc harrow) ६० दिवसांनी कापा. नंतर आलेली फूटही काढून जमिनीत मिसळा.

या क्रियेमुळे जमिनीला ८५ टक्के कर्ब व ०.४९ टक्के नत्र मिळतो. नैसर्गिक गांडुळे व विविध गटातील सूक्ष्म जिवाणू वाढून जमीन सशक्त बनते. त्यानंतर पेरलेले कोणतेही पीक उत्तम येते.

■■■

बियाणे / कंद / बेणे संस्कार आणि बियाण्यांची उगवण क्षमता

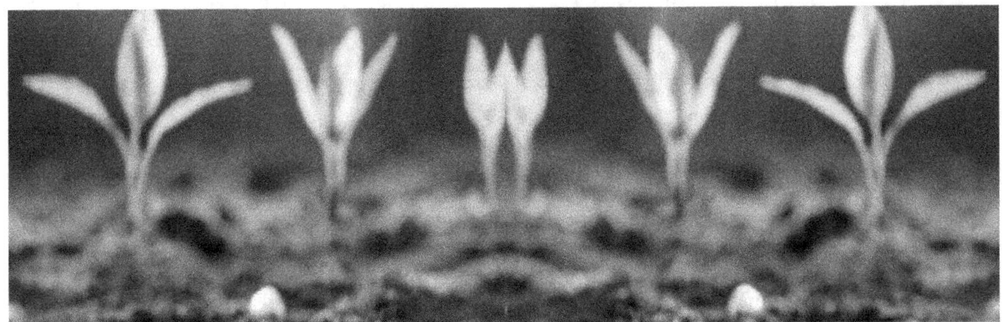

शाश्वत शेती करताना शेतकऱ्यांनी महाराष्ट्रातील चार कृषी विद्यापीठांनी शिफारस केलेल्या पिकांच्या शक्यतो सरळ, सुधारित किंवा संमिश्र वाणांची निवड करावी. त्यांना प्रथम प्राधान्य द्यावे. दुय्यम प्राधान्य संकरित बियाण्याला द्यावे. कारण संकरित वाण रासायनिक खताशिवाय वाढत नाहीत. त्यावर कीड व रोग येतात, जे फवारणीशिवाय नियंत्रणात येत नाहीत. त्यामुळे निविष्ठांवरील खर्च वाढून शेती परवडेनाशी होते. त्याशिवाय संकरित वाणांना चव नसते, दर्जा व पोषक मूलद्रव्ये कमी असतात. ती आकाराने मोठी व आकर्षक असली तरी ती बेचव, लवकर खराब होणारी, शेल्फ लाइफ किंवा टिकवणक्षमता कमी असणारी असतात, बाजारपेठेसाठी लांब जाता येत नाही.

अनेक सरळ, सुधारित, पारंपरिक, संमिश्र बियाण्यापासून आजही उत्तम प्रतीचे उत्पादन मिळते. त्यावर कीड व रोगांचा तुलनेने कमी प्रादुर्भाव आढळतो. अशा वाणांच्या उत्पादनात सातत्य असते. खासगी कंपन्या नवनवीन संकरित व संशोधित वाण बाजारात दर वर्षी विक्रीस आणतात. काही अपवाद वगळता अशा वाणांच्या उत्पादनात सातत्य नसते. पहिल्या वर्षी मिळालेले उत्पादन दुसऱ्या-तिसऱ्या वर्षी येत नाही. महत्त्वाचे म्हणजे, संकरित बियाणे चाळून, निवडून पुन्हा पेरता येते. पहिल्या वर्षी कृषी विद्यापीठातून विकत आणावे. नंतर किमान तीन वर्षे तेच बियाणे पुन्हा वापरता येते.

वस्तू निर्जीव असते. त्यावर प्रक्रिया करून त्याचे उपयुक्त पदार्थ तयार करता येतात. परंतु बियाणे सजीव आहे. त्याला जमिनीच्या गर्भात रुजवावे लागते. त्यासाठी त्यावर 'प्रक्रिया' न करता 'संस्कार' करावे लागतात. कोणत्याही धान्य, भाजीपाला इत्यादी पिकांच्या बियाण्याला किंवा केळी, ऊस, हळद, बटाटे, आले पिकांच्या बेण्याला किंवा कंदाला पेरणीपूर्वी किंवा लागवडीपूर्वी तीन कारणांसाठी संस्कार करावे लागतात :

१. बियाणे / कंद / बेणे यांची उगवण जोमदार व लवकर व्हावी.

२. बियाणे (जमिनीतल्या) व रोपांचे (उगवल्यावर) कीड व रोगांपासून संरक्षण व्हावे.

३. उगवणीनंतर संभाव्य पाण्याचा ताण सहन करण्याची शक्ती रोपांमध्ये यावी.

संस्काराच्या पद्धती

सेंद्रिय शेतकरी साधारणपणे विविध पद्धतीने बियाणे संस्कार करतात :

१. वडाच्या झाडाखालची किंवा वारुळाची माती किंवा पांदन / धुरा, कडुलिंब झाडाखालची माती १ किलो, देशी गायीचे किंवा देशी बैलाचे शेण एक किलो, देशी गायीचे मूत्र १ लीटर, देशी गायीचे दूध १०० मिली, कळीचा चुना ५० ग्रॅम हे मिश्रण एकत्र करून बियाण्याला चोळून, सावलीत वाळवून पेरावे.

२. देशी गायीचे शेण २० किलो, देशी गायीचे तूप अर्धा किलो, मध २०० ग्रॅम, पाणी २०० लीटर वरील मिश्रणापैकी काही द्रावण बियाण्याला संस्कार करण्यासाठी वापरून, उरलेले ०.४ हेक्टर क्षेत्रावर पेरणीपूर्वी शिंपडावे व नंतर पेरणी करावी.

३. **गोगर्भजल :** जुने अनुभवी शेतकरी गोगर्भजलाचे संस्कार बियाण्याला करत असत. गाय विताना वासरू बाहेर येण्यापूर्वी पाण्याची पिशवी बाहेर येते व ती फुटते. त्यातील द्रवपदार्थात अत्यंत उपयुक्त जीवाणू असल्याचे समजले जाते. गोठ्यात पक्की फरशी असेल तर फारच चांगले, नसेल तर गाय विताना एक स्पंज जवळ ठेवतात. गाय व्यायल्याबरोबर गोगर्भजल स्पंजच्या साहाय्याने शोषून घेऊन गोळा करतात व ते संस्कारासाठी वापरतात.

४. **पंचगव्य :** शाश्वत शेतीसाठी बहुआयामी, बहुगुणी, अत्यंत परिणामकारक पंचगव्य वापरण्यासाठी आग्रही असायला हवे.

संस्कारासाठी पंचगव्य वापरल्यास पिकाची वाढ जोमाने होते (ग्रोथ प्रमोटर), नैसर्गिक प्रतिकारशक्ती (रेझिस्टन्स) वाढवणारे, कीडरोग दूरसारक (रिपेलंट), कीडरोगनाशक (पेस्टिसाईड), विषाणूरोधक (अँटिव्हायरल), पीकसंरक्षक (प्रोटेक्टर), प्रत सुधारक (क्वालिटी इम्प्रुव्हर), प्रतिक्षमता (इम्युनिटी) निर्माण करणारे मिश्रण आहे. पंचगव्य बियाणे संस्काराला व इतर उपयुक्त कामाला वापरता येते. पंचगव्याबाबत सविस्तर कृती, वापराची पद्धत येथे दिली आहे.

पिकांमध्ये नैसर्गिक प्रतिकारशक्ती (७५ टक्के ग्रोथ स्टिम्युलेशन आणि २५ टक्के कीडरोगरोधक गुणधर्म निर्माण करण्यासाठी पंचगव्याचा वापर करणे आवश्यक आहे. पीकवर्धक, कीडरोग प्रतिसारक, कीडरोगनाशक, विषाणूविरोधक, पीकसंरक्षक, प्रतसुधारक, प्रतिक्षमता निर्माण करणारे असे बहुगुणी क्षमता असणारे पंचगव्य घरीच तयार करता येते.

पंचगव्यामध्ये गायीपासून मिळणाऱ्या पाच पदार्थांचा (शेण, गोमूत्र, दूध, तूप, दही) वापर करण्यात येतो. म्हणून त्याला 'पंचगव्य' म्हणतात.

साहित्य

गायीचे ताजे शेण ५ किलो, गोमूत्र ३ लीटर, गायीचे दूध ३ लीटर, गायीच्या दुधाचे दही २ लीटर, गायीचे तूप किंवा एरंडी तेल अर्धा किलो, उसाचा रस (किंवा तीन लीटर पाण्यात अर्धा किलो गूळ मिसळून तयार द्रावण) ३ लीटर, शहाळ्याचे पाणी / हिरवे कच्चे नारळ पाणी ३ लीटर, ताडी किंवा द्राक्षाचा रस (नसेल तर यीस्ट १०० ग्रॅम + १० ग्रॅम गूळ + १० लीटर कोमट पाणी) २ लीटर आणि काळी पक्व केळी १२ नग

कृती

- देशी गायीचे ताजे शेण, गोमूत्र प्लास्टिकच्या किंवा सिमेंटच्या टाकीत एकत्र मिसळावे. त्यात तूप घालून भरपूर ढवळावे. तीन दिवस ढवळत राहावे. तीन दिवसांनी उर्वरित घटक त्यामध्ये घालावेत.

- टाकी सावलीत ठेवून रोज सकाळ-संध्याकाळ भरपूर ढवळावे; नाहीतर तूप वर-वर राहील.

- १९ दिवस ढवळल्यानंतर विसाव्या दिवशी वापरता येते.

- तयार झालेले पंचगव्य सहा महिने साठवता येते.
- घट्ट झाल्यास त्यात पाणी मिसळावे.

वापर

- बीजसंस्कार : ३ टक्के मिश्रण पेरणीआधी २० मिनिटे प्रक्रिया (४५० मिली/१५ लीटर पाणी)
- फवारणी : ३ टक्के, पेरणीनंतर २० दिवसांनी, फूलकळी - फळे धरल्यानंतर १५-१५ दिवसाच्या अंतराने फवारावे (४५० मिली/ १५ लीटर पाणी).
- पाटपाण्यासोबत / ठिबक व्हेंच्युरीने : २० लीटर / एकर
- बियाणे साठवणुकीसाठी : १५० मिली पंचगव्य / ५ लीटर पाणी
- पशुखाद्यात / खुराकात : १०० मिली/प्रति दिन
- गांडूळ बेडवर फवारावे : ४५० मिली/१५ लीटर पाणी
- कोंबड्यांना : पाण्यासोबत ५ मिली/कोंबडी

पंचगव्यातील घटक

पीएच ६.०२, इसी ३.०२, टीडीएस ३ ते ४ टक्के W/W, नायट्रोजन ६६५० पीपीएम, फॉस्फरस ४३१० पीपीएम, पोटॅशिअम ५२०० पीपीएम, सोडिअम १६०० पीपीएम, कॅल्शिअम १००० पीपीएम, मॅग्नेशिअम ८४० पीपीएम, क्लोराईड २४८.५ पीपीएम, बोरॉन ०.४४२ पीपीएम, मँगनीज १४.८ पीपीएम, लोह १४२.५ पीपीएम, झिंक ८२ पीपीएम

उपयुक्त खत

गायीचे शेण १० किलो, पाणी ५० लीटर, शेळी लेंडी खत १० किलो, ट्रायको १०० मिली, सोयाबीन दूध ५ लीटर, पाणी ३० लीटर हे सर्व मिश्रण दोन दिवस मुरवावे. नंतर पाच लीटर प्रति झाड द्यावे.

मिरचीवरील चुरडामुरडासाठी बीडी ५०१ + गोमूत्र फवारावे. ३० टक्के बाष्पीभवन रोधते.

बियाण्यांची उगवण क्षमता

निवडलेल्या मुख्य व सहयोगी मिश्रपिकांच्या बियाण्यांची उगवण क्षमता चाचणी (जर्मिनेशन टेस्ट) आवश्यक आहे. पिकांचे बियाणे महाग असल्याने जरुरीपेक्षा जास्त बियाणे-पेरणी टाळता येते, तसेच आवश्यक असणाऱ्या झाडांची संख्या ठेवणे सोपे जाते.

सारांश, एकदा पेरणी झाली की विरळ झालेले दाट करता येत नाही. दाट झाले तर विरळ करता येते. दोन्हींच्या बाबतीत नुकसान आहे. झाडांची संख्या (प्लँट पॉप्युलेशन) प्रति हेक्टर कमी असेल तर उत्पन्न घटते व जास्त असले तरी उत्पन्नावर परिणाम होतो. ही परिस्थिती टाळण्यासाठी शेतकऱ्यांनी पेरणीआधी आठ दिवस बियाण्यांची उगवण क्षमता तपासावी. ही पद्धत अतिशय सोपी, उपयुक्त व केवळ सहा दिवसांत पूर्ण होणारी आहे.

यासाठी कोणतेही वर्तमानपत्र पाण्यात बुडवून काढा. पूर्ण पाणी निथळू द्या. पेपर जमिनीवर अंथरा. पेरणी करावयाच्या बियाण्यातून १०० दाणे मोजून घ्या. त्यातील १० दाणे वर्तमानपत्राच्या एका बाजूने उभ्या रेषेत साधारण तीन सेंटीमीटर अंतर ठेवून एक लहान घडी करून झाका (वळकटी करताना पहिली घडी घालतात तसे!). नंतर १० दाणे त्याच पद्धतीने अंथरून दुसरी घडी घाला. या प्रमाणे १० घड्यांची (प्रति घडी प्रत्येकी दहा बियाणे) वळकटी पूर्ण होईल. ही वळकटी एका प्लास्टिकच्या तुकड्यात गुंडाळून घरीच टेबलाखाली (उन्हात नको!) ठेवा.

चार दिवसांनंतर प्लास्टिक तुकडा काढून वळकटी सावकाश उकला. बियाण्याला मोड आलेले दिसतील. मोड आलेल्या सशक्त रोपांची संख्या मोजा. यावरून उगवणशक्तीचे शेकडा प्रमाण किती आहे, हे समजेल.

शेतीशास्त्राप्रमाणे ज्वारी ७५ टक्के, कापूस ६५ टक्के, तूर - मूग - उडीद ७५ टक्के, सोयाबीन ७० टक्के उगवणक्षम हवे. आपल्या परीक्षणात सोयाबीन बियाण्याला ६० टक्केच मोड आलेले दिसले तर बियाणे पेरताना थोडे जास्त पेरावे लागेल. म्हणजे हेक्टरी झाडांची अपेक्षित संख्या मिळेल व उत्पादनही योग्य मिळेल.

सोयाबीन रब्बी किंवा उन्हाळी हंगामात थोड्या क्षेत्रावर पेरावे. त्यापासून कमी उत्पन्न मिळाले तरी ९१ टक्के उगवण क्षमता असलेले टपोरे बियाणे मिळतील. ते खरीप हंगामात पेरता येईल. त्या वेळी बाजारातून बियाणे विकत घेण्याची वेळ येणार नाही. एक-दोन वर्षांपासून बाजारातून विकत घेतलेले सोयाबीन उगवत नसल्याच्या अनेक तक्रारी प्रसिद्ध झाल्या आहेत. अशा परिस्थितीत शेतकऱ्यांनी स्वत:च्या शेतातच या पद्धतीने चांगल्या बियाण्याची सोय करावी.

∎∎∎

सर्वसामान्य पेरणी पद्धत

पेरणीचे अंतर

कृषी विद्यापीठांनी प्रत्येक पिकांची पेरणी किती अंतरावर करावी, याचे निर्देश दिले आहेत. त्यात थोडा फरक करावा लागेल.

टोकण पद्धतीने लागवड करणाऱ्या पिकामधील (उदाहरणार्थ, कापूस) दोन ओळीतील अंतर दोन झाडांतील अंतरापेक्षा १५ ते ३० सेंमी जास्त असावे.

कापूस लागवड ९० × ९० सेंमी किंवा ६० × ६० सेंमी किंवा १२० × १२० सेंमी न करता अनुक्रमे ९० × ६० सेंमी किंवा ६० × ४५ सेंमी किंवा १२० × ९० सेंमी करावी.

आपली जमीन, मागील वर्षाचा अनुभव हे लक्षात घेऊन अंतर किती ठेवावे हा निर्णय स्वतःलाच घ्यावा लागेल. दोन ओळीतील अंतर, दोन झाडांच्या अंतरापेक्षा जास्त ठेवल्याने फायदा होतो.

टोकण केलेल्या पिकात उभी व आडवी आंतरमशागत करता येते. पीक वाढल्यानंतर एक वेळ अशी येते की, फक्त एकेरीच व तीसुद्धा शेवटची कोळपणी देणे शक्य असते. त्या वेळी वखराच्या फासाला पोते बांधून पाळी दिली तर कापसाच्या बुडाशी जास्तीत जास्त माती लागेल. त्यामुळे पिकाच्या बुडाशी जास्त दिवस ओलावा टिकून राहील व पाण्याचा ताण पडल्यावर जमिनीला भेगा पडून फूल-फळ-बोंडांची जी गळ होते, ती होणार नाही. सर्वच पिकांच्या बाबतीत हे तंत्र अवलंबावे लागेल.

पेरणी दक्षिणोत्तर करावी

पेरणीयोग्य तयार केलेली जमीन चढउताराची असल्यास कंटूर पद्धतीने (चढाची जागा समतल करून घेणे) पेरणी करावी. जमीन सम पातळीत असेल तर पेरणी दक्षिणोत्तर करावी. त्यामुळे अनेक फायदे होतात :

१. दिवसभराची सूर्यकिरणे झाडाच्या संपूर्ण भागावर पडल्याने प्रकाशसंश्लेषण क्रिया (फोटोसिंथेसिस) वाढून उत्पन्न वाढते.

आधुनिक तंत्रज्ञानात सूर्यशक्तीचे महत्त्व प्रा. दाभोळकर व त्यानंतर त्यांचे शिष्य व माझे परममित्र कर्नाटकातील बेळगावचे सुरेश देसाई यांनी पुरेपूर जाणले. झाडांनी जास्त सूर्यशक्ती खेचल्याने त्यांचे उत्पन्न वाढते हे दाभोळकर यांनी सप्रमाण द्राक्ष पिकाच्या बाबतीत दाखवून दिले आहे.

केवळ द्राक्ष बागेच्या मांडव पद्धतीत बदल केल्याने द्राक्षांचे उत्पन्न दोन ते अडीच टन प्रति ४० आर वाढवून दाखवले. सूर्यशक्तीचे अनन्यसाधारण महत्त्व लक्षात घेता शेतकऱ्यांनी कोणतेही पीक (जास्त उतार वगळता) दक्षिणोत्तर दिशेने पेरावे व आपले उत्पादन वाढवावे.

२. पिके रात्री कार्बन डायऑक्साइड वायू वातावरणात सोडतात. तो वायू नेहमीच्या पूर्व-पश्चिम दिशेने वाहणाऱ्या वाऱ्याबरोबर शेताबाहेर जाणे रोखण्यासाठी पेरणी दक्षिणोत्तर करावी. त्यामुळे कार्बनडाय ऑक्साइड वायू शेतातच राहून प्रकाशसंश्लेषण क्रियेला मदत करतो.

शेताचे क्षेत्र मोठे असेल तर दक्षिणोत्तर दिशेने शेतात ठरावीक अंतरावर जैविक बांध (गजराज ओळ) घातले तर कार्बन डायऑक्साइड वायू अडून झाडाच्या वाढीला मदत करेल. यावर शास्त्रज्ञांनी अधिक संशोधन करणे क्रमप्राप्त आहे.

३. पिकांची पेरणी दक्षिणोत्तर केल्याने उत्तर व दक्षिण ध्रुवांच्या चुंबकीय परिणामांमुळे (पोलर मॅग्नेटिक इफेक्ट) पिकांच्या वाढीवर अनुकूल परिणाम होतो. चुंबकीय लाटांमुळे (मॅग्नेटिक रिझोनेन्स वेव्ह्ज) पिकांचे उत्पादन वाढते, असा शास्त्रज्ञांचा दावा आहे. म्हणून शेतकऱ्यांनी सर्व पिकांची पेरणी शक्यतो दक्षिणोत्तर करावी.

■■■

शेतातील पिकांची फेरपालट

शेतकऱ्यांनी पिकाची पेरणी करताना प्लॉटमध्ये कोणते पीक घ्यावे हे जमिनीच्या प्रतीनुसार, सिंचनाच्या सोयीनुसार ठरवावे. ते पीक निघाल्यानंतर त्या प्लॉटमध्ये द्विदल पिकापासून मिळणारे नैसर्गिक नत्र घेऊन पुढील पीक जोमाने वाढते. दुसरा निकष म्हणजे उथळ मुळ्यांचे पीक घेतल्यावर तूर, कापूस यांसारख्या खोल मुळ्यांचे पीक घेतल्यास जमिनीचा वरचा थर व खोलीवरचा थर आळीपाळीने विश्रांती घेऊन वापरला जातो. दोन पिकांच्या मधल्या कालावधीत मेथी, कोथिंबीर (धणे) यांसारखे अल्प मुदतीचे व लवकर पैसा देणारे पीक घेता येईल का, याचाही विचार करावा. पिकांची योग्य फेरपालट केल्याने जमिनीचा पोत, उत्पादकता कायम राहते, तसेच विविध कीड-रोगांचे प्रमाणही मर्यादित ठेवता येते.

पाण्याच्या उपलब्धतेनुसार पिकांची फेरपालट

कोरडवाहू; पण खात्रीचे पर्जन्यमान असणाऱ्या प्रदेशात, अंशतः किंवा भरपूर सिंचनाची व्यवस्था असल्यास पिकांचा योग्य फेरपालट करावा लागतो.

कोरडवाहू; पण खात्रीचे पर्जन्यमान असल्यास

कापूस → खरीप ज्वारी → सोयाबीन → तूर
सूर्यफूल → तूर → बाजरी → नीळ → एरंडी → सोयाबीन
बाजरी → तीळ → कुळीथ → एरंडी

अंशतः किंवा सिंचनाची भरपूर व्यवस्था असल्यास

मका → बटाटे → ऊस
मका → ऊस → गहू
भात → ऊस → गहू
कापूस → ऊस → उसाचा खोडवा
ज्वारी (चारा) → बटाटे → ऊस → गहू

भात → हरभरा → ऊस → ऊस खोडवा → गहू
गहू → टोरिया → ऊस → ऊस खोडवा → गहू
मका → गहू → ऊस → ऊस खोडवा → गहू
भात → ऊस → उसाचा खोडवा → गहू
कापूस → ऊस → उसाचा खोडवा → गहू → भात
ज्वारी → करडी
ज्वारी → गहू → मूग → चवळी
ज्वारी → हरभरा → भुईमूग
ज्वारी → सूर्यफूल → भुईमूग
ज्वारी → बटाटे → भुईमूग
मूग किंवा उडीद → रबी ज्वारी
मूग किंवा उडीद → करडी किंवा सूर्यफूल
मूग किंवा उडीद → हरभरा
सोयाबीन → हरभरा / गहू / कांदे / रबी ज्वारी / रबी भुईमूग
सोयाबीन → रबी ज्वारी / करडी
भात → हरभरा / गहू / श्रावणघेवडा / जवस
भात → उन्हाळी भुईमूग
भात → उन्हाळी भात / राजमा
भात → राजमा → भुईमूग
मका → गहू / सूर्यफूल
बाजरी → हरभरा → उन्हाळी भुईमूग
बाजरी → तीळ / कुळीथ / एरंडी
बाजरी → कोबी → उन्हाळी भुईमूग
कापूस → उन्हाळी भुईमूग
खरीप भुईमूग → ज्वारी → मका (चारा)
खरीप भुईमूग → ज्वारी → कांदे
मिरची → उन्हाळी भुईमूग
बटाटे / टोमॅटो / वांगे → मुळा / बीटरूट
कोबी / फूलकोबी → लसूण / कांदे / फरसबी

योग्य आंतरपिकांची पेरणी व फायदे

प्रचलित रासायनिक शेती पद्धतीमध्ये एकच पीक पेरण्याची शिफारस करतात. निंदणी, फवारणी, पेरणी, कापणी इत्यादी सोयीची असल्याने शेतकरी मुख्य पिकासोबत इतर पीक लावत नाहीत. पाश्चिमात्य देशांत हीच एकपीक पद्धती (मोनोक्रॉपिंग) वापरली जाते. परदेशात मजुरांची कमतरता असल्यामुळे पेरणी, फवारणी, कापणी अशी कामे यंत्राच्या साहाय्याने केली जातात. पाश्चिमात्यांची हीच पद्धत आपण डोळे झाकून निवडली. वास्तविक, आपले पूर्वज पट्टा पद्धत, मिश्रपीक, जोडओळी, हिरवळीचे पीक घेऊन जमिनीला जाणीवपूर्वक विसावा देत.

शाश्वत शेती पद्धतीला एकपीक पद्धती मान्य नाही. त्याऐवजी मुख्य पिकासोबत योग्य त्या वाढपूरक, संरक्षणपूरक सहयोगी (कर्पेनियन) पिकांची निवड करून आंतरपीक म्हणून पेरले तर याचे अनेक फायदे मिळतात :

१. मुख्य पिकाच्या वाढीसाठी आवश्यक असणारी मूलद्रव्ये मिळतात (Nutrient Management).

२. मुख्य पिकाचे कीड-रोगापासून संरक्षण होते (Insect and Disease Management).

३. पिकातील तणांचा प्रादुर्भाव कमी होऊन तण कापण्याची मजुरी वाचते (Weed Management).

४. मूलस्थानी मृद व जलसंवर्धन होण्यास मदत होते (In-situ Soil and Moisture Conservation).

५. जमिनीचा पोत सुधारतो व त्याचे भौतिक, रासायनिक व जैविक गुणधर्म सुधारल्यामुळे उत्पादकता वाढते (Soil Productivity Improvement).

६. प्रतिकूल नैसर्गिक परिस्थिती उदाहरणार्थ, अवेळी पाऊस, धुके, थंडीची लाट, गारपीट, बाजारभावातील चढउतार या कारणांमुळे एखादे पीक गेले तरी त्याची आर्थिक नुकसानभरपाई दुसऱ्या पिकामधून होते व नुकसान सुसह्य होते (Income Risk Management).

७. शेतकरी कुटुंबाला एकाच वेळी रोटी, डाळ, भाजी इत्यादी मिळते व घरखर्च वाचतो (Kitchen Food Purchase Saving).

८. मिश्रपीक पद्धतीमुळे स्वतःचा व देशाचा अन्नसुरक्षेचा प्रश्न सुटण्यास मदत होते (Food Security).

योग्य मिश्रपिके किंवा आंतरपिके (कम्पॅनियन क्रॉप्स)

ज्वारी / मका + सोयाबीन + धणे (कोथिंबीर)
ज्वारी + तूर / हरभरा / उडीद / धणे
रबी ज्वारी + करडी / ढोबळी मिरची
खरीप भुईमूग + सूर्यफूल / तूर / ज्वारी / मका / कापूस / चवळी
मका + चवळी / कांदे / टोमॅटो / दोडके / भुईमूग / सोयाबीन
रबी मका + करडी + धणे + मेथी
हरभरा + करडी
करडी + गवार / दोडका / हरभरा / जवस
तूर + गवार / सूर्यफूल / बाजरी / तीळ / भुईमूग
बाजरी + रबी कांदा
सूर्यफूल + मूग
सोयाबीन + तूर / कापूस / एरंडी / बटाटा + कांदा
कापूस + चवळी / सोयाबीन / मूग / उडीद / मका / अंबाडी, भगर / झेंडू
कापूस + तूर / ज्वारी
एरंडी + धणे / सोयाबीन / हरभरा
ऊस + बटाटा + कांदा + धणे + मका + मिरची + हरभरा
एरंडी + धणे + तीळ
गहू + मोहरी + रागी (फिंगर मिलेट), सूर्यफूल / हरभरा / राजमा / श्रावणघेवडा
हरभरा + करडी / धणे / मका
कांदा + धणे + मका / ज्वारी + मुळा
मिरची + तीळ + मका / ज्वारी + झेंडू + एरंडी (बांधावर)
भेंडी + चवळी + झेंडू + मका (भोवती)
वांगी + टोमॅटो + झेंडू + मका (भोवती)
टोमॅटो + आले + झेंडू + चवळी + मका / ज्वारी
कोबी + मोहरी + झेंडू + मका / चवळी
फ्रेंच बीन्स (श्रावण घेवडा) + टोमॅटो + मोहरी + सूर्यफूल
टोमॅटो + कांदा + झेंडू
श्रावण घेवडा + मका + काकडी

टरबूज + मका
भुईमूग + तीळ + चवळी
बीटरूट + बीन्स
गाजर + टोमॅटो + कांदा + मुळा + तुळस
केळी + सोयाबीन + झेंडू
तंबाखू + वांगी + हरभरा + धणे
मिरची + झेंडू + मका + चवळी + पानकोबी + मोहरी
फूलकोबी + कांदा
बटाटा + गहू + मका
रागी (फिंगर मिलेट) + मोहरी
वांगी + चवळी + श्रावण घेवडा + घोडा चना + आले
वांगी + घोडा चना + आले + झेंडू + हिवाळी वांगी + श्रावण घेवडा + तूर + धणे
आडसाली ऊस + भुईमूग + सोयाबीन + मूग / उडीद + पालक + शेपू + धणे + कांदा ताग
पूर्वहंगामी ऊस + पानकोबी / फूलकोबी + नवलकोल + कांदा + बटाटा + लसूण + हरभरा + गहू + ताग + शेपू + कोथिंबीर + मेथी + रताळे
सुरू ऊस + भुईमूग + सोयाबीन + पालक + गवार + ताग + काकडी + कलिंगड + खरबूज
खरीप ज्वारी + तूर + मूग + उडीद
बाजरी + तूर + मूग + उडीद + माठ
मका + चवळी + सोयाबीन
रबी मका + करडी + धणे + मेथी
भुईमूग + सूर्यफूल + चवळी
हरभरा + मका + करडी + धणे
गहू + मोहरी + राजमा
भात + नाचणी + तीळ
वांगी + पालक + ब्रोकोली + गिल्के
वाल + पालक + झुकिनी + गिल्के
फ्लॉवर + कोथिंबीर + भोपळा + दोडका
टोमॅटो + मेथी + कोबी + डांगर + मका + चवळी
घेवडा + वांगी + लाल कोबी + डांगर
वाल + शेपू + टोमॅटो + भोपळा

लसूण + कोथिंबीर + गवार + मिरची	
कोबी + शेपू + झुकिनी + गिलके	
सिमला मिरची + पालक + ब्रोकोली + दोडका	
मिरची + वांगी + कोबी + कारले	

आंतरपिकांचे शास्त्रीय महत्त्व

आंतरपिकाचे नाव	फायदा
ज्वारी, मका	पक्षिथांबा, जनावरांसाठी चारा, वारारोधक, परोपजीवी मित्रकीड ट्रायकोग्रामा वाढतो.
चवळी	रस शोषणाऱ्या किडीसाठी सापळापीक, द्विदल असल्याने नत्राचा पुरवठा, तणरोधक, बायोमास मिळतो, गांडुळे वाढतात.
सूर्यफूल	पक्षिथांबा, मधमाश्या येतात व परपरागिकरणास मदत होते.
धणे	दूरसारक औषधी गुणधर्म, रोगरोधक, मधमाशी आकर्षित, परोपजीवी मित्रकीटक ट्रायकोग्रामा वाढवतो.
मोहरी	यातील आयसोथायोसायनेट द्रव्यामुळे तणांचे बी मरते, झिंक सूक्ष्म मूलद्रव्ये पुरवठा होतो, कोबीमध्ये घाण्या रोगरोधक आहे.
झेंडू	यातील अल्फा टर्थिनाईल द्रव्य सूत्रकृमी (निमॅटोड) येऊ देत नाही. निमॅटोडरोधक
हरभरा	द्विदल असल्याने मुख्य पिकास नत्र पुरवते. यातील ॲमिनो असिड कीडरोधक आहे.
तीळ	औषधी व तेलवर्गीय गुणांमुळे मधमाश्या आकर्षित होतात व परपरागीकरणास मदत होऊन पिकाचे उत्पादन वाढते.
तुळस	यात २७ प्रकारचे पीकवर्धक अल्कलॉईड्स आहेत. जमिनीत बुरशी रोग होऊ देत नाही. कीड व मूळकुजव्या रोधक आहे. वातावरणात ओझोन वायू सोडते, याने पांढरी माशी नंपुसक होते. फळमाशी, कामगंध सापळ्यासाठी उपयुक्त आहे.
बडीशेप	मधमाशी आकर्षित करते, परपरागीकरणाने उत्पन्न वाढते.
रानवांगे	पांढरी माशी नियंत्रक आहे. पानांवर माशी चिकटून बसते.
कांदा	औषधी गुणधर्म, सल्फर पुरवठा, जमिनीत हवा खेळती ठेवतो.
मेथी	नत्र पुरवठा करते, तणविरोधक, सापळापीक, पौष्टिक पालेभाजी, उत्तम बायोमास, गांडुळे वाढतात.

■■■

विविध पिकांचे पेरणीयोग्य वाण

नगदी पिके

कापूस

महाराष्ट्रात कापसाची उत्पादकता जगाच्या तुलनेत निम्म्याहूनही (३५१ किलो / हेक्टर) असून त्यात वाढ होणे गरजेचे आहे. महाराष्ट्रात कोरडवाहू क्षेत्राचे प्राबल्य, सिंचन सुविधांचा अभाव, हलक्या जमिनीची निवड, योग्य तंत्रज्ञानाचा अभाव अशी कापसाच्या कमी उत्पादकतेची प्रमुख कारणे आहेत. महाराष्ट्रात ओलिताचे प्रमाण हे केवळ १६ टक्के असून पाण्याची उपलब्धता हेच आज महाराष्ट्राच्या शेतीपुढील एक प्रमुख आव्हान आहे.

कोरडवाहू कापूस पेरणी १५ ते २० जून दरम्यान किंवा मान्सूनचा पाऊस ७५ ते १०० मिलिमीटर (पेरणीयोग्य) झाल्यावर लवकरात लवकर करावी. जमिनीच्या प्रतीप्रमाणे कापूस वाणाची निवड करावी; तसेच पिकाच्या लागवडीतील अंतर ठेवावे. कापसाच्या दोन जाती देशी प्रकारात मोडतात, तिसरी अमेरिकन व चौथी इजिप्शियन प्रकारात मोडते. अधिक उत्पादनासाठी शिफारस केलेल्या जाती व सुधारित लागवड तंत्राचा अवलंब केल्यास कापूस उत्पादनात निश्चितच भर पडून हेक्टरी अधिक नफा मिळेल.

वाणाचे नाव	कालावधी (दिवस)	उत्पन्न (क्विंटल / हेक्टर)	वैशिष्ट्ये
एकेए ४	१७० ते १८०	७ ते ८	देशी, कोरडवाहू वाण
एकेए ५	१७० ते १८०	७ ते ८	देशी, कोरडवाहू, १९८१मध्ये प्रसारित वाण
एकेए ६	१७० ते १८०	१० ते १२	देशी, कोरडवाहू वाण
एकेए ७	१७० ते १८०	१० ते १२	देशी, कोरडवाहू, १९९८मध्ये प्रसारित वाण
एकेए ८	१४० ते १५०	१० ते १२	देशी, कोरडवाहू, १९९४मध्ये प्रसारित वाण

वाणाचे नाव	कालावधी (दिवस)	उत्पन्न (क्विंटल / हेक्टर)	वैशिष्ट्ये
पीए २५५ (परभणी तुराब)	१५५ ते १६०	१६ ते १८	कोरडवाहू, खर्चात परवडणारे, मराठवाडा कृषी विद्यापीठ परभणी संशोधित देशी वाण
पीए ४०२ (विनायक)	१६० ते १७०	१७ ते १८	देशी, बोंडाचे वजन २.५ ते ३ ग्रॅम, कीडरोगास सहनशील, दहिया रोगप्रतिकारक वाण
पीए ५२८	१५० ते १६०	१६ ते १८	देशी, पीए २५५ पेक्षा १७.२९ टक्के व पीए ४०२ पेक्षा १०.५६ टक्के जास्त उत्पादन, कीडरोगास प्रतिकारक्षम
पीए ७०४	१५० ते १६०	१६ ते १७	देशी, रस शोषणाऱ्या किडीस प्रतिकारक्षम, पाणी ताण सहन करण्याची क्षमता, करपा - दहिया रोगास प्रतिकारक
पीए ०८	–	–	देशी, पीए २५५ व पीए ४०२पेक्षा १६ टक्के अधिक उत्पादन, कीडरोग सहनशील
पीए ३२ (एकनाथ)	–	–	मराठवाडा कृषी विद्यापीठ परभणी संशोधित देशी वाण
सूरज	–	२५	केंद्रीय कापूस संशोधन संस्था (सीआयसीआर), नागपूर संशोधित देशी वाण
वाय-१	–	१२ ते १३	देशी, सुधारित, कोरडवाहू वाण
फुले ७९४ (जेएलए ७९४)	–	१३-१४	देशी, सुधारित, कोरडवाहू वाण, पाणी ताण सहनशील, शाश्वत उत्पन्न देणारे, वाय-१ पेक्षा २५.२७ टक्के जास्त उत्पादन, कीड प्रतिकारक
फुले अनमोल आरसीए ७२४	–	१४ ते १८	देशी वाण, उत्तम प्रतीचा धागा, वाय-१ पेक्षा चांगला, जेएलए ७९४ पेक्षा २१.६७ टक्के जास्त उत्पन्न, दहिया रोग व किडीस प्रतिकारक्षम
फुले धन्वंतरी (आरएचएआरबी ०२-१)	–	१४ ते २०	देशी, कोरडवाहू वाण, वैद्यकीय कापसासाठी (सर्जिकल कॉटन) उपयुक्त, जेएलए ७९४ व वाय-१ पेक्षा अनुक्रमे ८.०६ टक्के व २२.२४ टक्के जास्त उत्पादन, किडीस सहनशील

वाणाचे नाव	कालावधी (दिवस)	उत्पन्न (क्विंटल / हेक्टर)	वैशिष्ट्ये
फुले जेएलए ५०५	–	१२-१५ (जास्तीत जास्त २०)	देशी, कोरडवाहू वाण, कीडरोगास प्रतिकारक्षम
पीकेव्हीडीएच-१	१८० ते १९०	१२ ते १५	अकोला विद्यापीठाचे २००२मध्ये प्रसारित देशी संकरित वाण
पीकेव्ही सुवर्णा	१८० ते १९०	१२ ते १५	अकोला विद्यापीठाचे २००६मध्ये प्रसारित देशी संकरित वाण
पीकेव्ही - रजत (पीकेव्ही ८४६३५)	१७० ते १८०	१२ ते १४	अमेरिकन सरळ / सुधारित वाण, १९९४मध्ये प्रसारित
एकेएच ८८२८	१७० ते १८०	१२ ते १४	अमेरिकन सुधारित वाण, २००५मध्ये प्रसारित
एकेएच ०८१ (पीकेव्ही ०८१)	१५० ते १६०	१० ते १२	अमेरिकन सुधारित वाण, १९८७मध्ये प्रसारित
एनएच ६१५ एनएच ६३०	१६० ते १६५	१४-१५	अमेरिकन सुधारित वाण, २००२मध्ये प्रसारित
फुले ६८८ (आरएचसी ०६८८)	१५० ते १६०	२० ते २२	सरस धागा, जास्त उत्पन्न देणारे वाण, २००८मध्ये प्रसारित, कीडरोग प्रतिकारक्षम
फुले तरंग (आरएचएच ०७०७)	१५० ते १६०	२५ ते ३०	सरस धागा, तमिळनाडू, आंध्र प्रदेश व कर्नाटकसाठी
फुले यमुना (आरएचसी ०७१७)	१५८ ते १६४	२० ते २२	सरस धागा
यमुना (पीएच ३४८)	१६५ ते १७०	१६-१७	अमेरिकन वाण, एनएचएच ५४५ पेक्षा १५ टक्के जास्त उत्पादन, वेचणीस सुलभ, झाडे विरळ, कीडरोग कमी प्रादुर्भाव, बोंड ३.५ ग्रॅम वजनाचे
जेएलएच १६८ (धवल)	१५० ते १६०	१५ ते २०	कीडरोग सहनशील, अमेरिकन सरळ वाण, जळगाव संशोधन केंद्र प्रसारित (२०००मध्ये) बागायतीत जास्त उत्पादन

वाणाचे नाव	कालावधी (दिवस)	उत्पन्न (क्विंटल / हेक्टर)	वैशिष्ट्ये
एनएच ४५२ (रेणुका)	१६० ते १७०	१० ते १२	अमेरिकन सुधारित वाण, कीडरोगास कमी बळी पडते, दहिया-कडा-करपा रोग प्रतिकारक्षम
एनएच ५४५	१६५ ते १७०	१२ ते १५	अमेरिकन वाण, रेणुकापेक्षा जास्त उत्पन्न, दहिया-कडा-करपा रोग प्रतिकारक
एलआरए ५१६६ (अंजली) एसआरटी १	१६० ते १७०	२० ते २२	कोईमतूरमधून १९८२मध्ये प्रसारित अमेरिकन सरळ वाण, बागायती व कोरडवाहूसाठी, कीडरोगास सहनशील
एएचएच ४६८ (पीकेव्ही हायब्रीड २)	१७० ते १८० (को) १८० ते २०० (बा)	१२ ते १५ (कोरडवाहू) १५ ते २० (बागायती)	अमेरिकन संकरित वाण, १९८१मध्ये प्रसारित
पीएचएच ३१६ (गंगा)	१६० ते १७०	१२ ते १८	अमेरिकन संकरित वाण, एनएचएच ४४ पेक्षा १५ टक्के उत्पन्न जास्त, धागा सरस
एनएचएच २५०	१६० ते १७०	१५ ते १६	अमेरिकन संकरित वाण, कीडरोग प्रतिकारक्षम, रस शोषणारे कीड सहनशील, तेल १७.८७ टक्के
एनएचएच ४४	१६० ते १७०	२५ ते ३०	अमेरिकन संकरित वाण, १९८३मध्ये प्रसारित, कीड प्रतिकारक, बागायती
पीकेव्ही हायब्रीड ३	१८० ते २०० (बा)	१५ ते २० (बा)	अमेरिकन संकरित वाण, १९८३मध्ये प्रसारित, कीड प्रतिकारक, बागायती
पीकेव्ही हायब्रीड ६	१७० ते १८०	२५ ते २८	संकरित वाण (सजातीय)
डीसीएच ३२	१८० ते १९०	१२ ते १५	अमेरिकन व इजिप्शियन कापसाचा विजातीय संकरित वाण, धारवाड येथून १९९१मध्ये प्रसारित, बागायती वाण, करपा-लाल्या रोग प्रतिकारक्षम
फुले ४९२	१६० ते १७०	२५ ते ३०	राहुरी विद्यापीठाचे सजातीय संकरित वाण, मर - मावा - तुडतुडे प्रतिकारक्षम

वाणाचे नाव	कालावधी (दिवस)	उत्पन्न (क्विंटल / हेक्टर)	वैशिष्ट्ये
पीकेव्ही हायब्रीड ४ (सीएएचएच ८)	१६० ते १८० (को) १७० ते १८० (बा)	१२ ते १५ (को) २० ते २५ (बा)	अमेरिकन संकरित वाण, १९९६मध्ये अकोला विद्यापीठात प्रसारित
पीकेव्ही हायब्रीड ५ (सीएएचएच ९९)	१५० ते १६० (को) १६० ते १७० (बा)	१२ ते १५ (को) २० ते २५ (बा)	अमेरिकन संकरित वाण, २००२मध्ये प्रसारित
एनएचएच २०६	—	—	अमेरिकन संकरित वाण, २०१३मध्ये प्रसारित, धागा चांगला, कोरडवाहूसाठी योग्य
फुले रखुमाई (आरएचसीबी ०११)	१७८ ते १८५	८ ते १०	इजिप्शियन सुधारित वाण
फुले अस्मिता (आरएचएच ०९१७)	१६० ते १७०	२५ ते ३०	अमेरिकन × अमेरिकन - आंतरजातीय संकरित वाण, महाराष्ट्र, गुजरात व मध्य प्रदेशसाठी प्रसारित
फुले श्वेतांबरी (आरएचएच ०६२२)	१५० ते १६०	२३ ते २५	अमेरिकन × अमेरिकन - आंतरजातीय संकरित वाण, महाराष्ट्रातील बागायती भागासाठी प्रसारित
फुले सुमन (आरएचएच १००)	१६० ते १७०	२५ ते ३०	अमेरिकन × अमेरिकन - आंतरजातीय संकरित वाण, मध्य व दक्षिण भारतासाठी (महाराष्ट्रासह) प्रसारित वाण
फुले ३८८ (आरएचसी ३३८८)	१७० ते १७५	१५ ते २०	अमेरिकन × अमेरिकन - आंतरजातीय संकरित वाण, राहुरी येथून २००१मध्ये प्रसारित
फुले धारा (आरएचबी ०७११)	१७० ते १८०	१५ ते २०	अमेरिकन × इजिप्शियन, महाराष्ट्र, गुजरात व मध्य प्रदेशसाठी प्रसारित
फुले प्रभा (आरएचबी ०९१७)	१७० ते १८०	१८ ते २०	—

वाणाचे नाव	कालावधी (दिवस)	उत्पन्न (क्विंटल / हेक्टर)	वैशिष्ट्ये
फुले चेतना (आरएचबी १०१४)	१८० ते १९०	१८ ते २०	महाराष्ट्रातील बागायती क्षेत्रासाठी शिफारस
एनएच ६१५	१६० ते १६५	१४-१५	सरळ वाढणारे अमेरिकन वाण, सेंद्रिय कापूस उत्पादनास योग्य, जास्त घनता लागवडयोग्य
डीएच ९०४	१५० ते १६०	२० ते २५	संकरित देशी कापूस, ग्रेमिल्ड्यू रोगास प्रतिकारक्षम

इतर काही वाण

- **देशी, कोरडवाहू वाण :** पीए १४१ (नामदेव), पीए १८१ (सावता), एकेए ८४०१, डीएचवाय २८६ (अमेरिकन सुधारित वाण)
- **देशी संकरित वाण :** पीकेव्ही १, अंबिका १२, अंबिका १८, स्वदेशी ५, पीकेव्ही देशी संकर १, पीकेव्ही हायब्रीड ८, पीकेव्ही हायब्रीड १०, एकेएच ०९-५ (ऑग्रेस्की मंजुरी)

भारतातील ऊस पिकाखालील २०१७-१८मध्ये एकूण क्षेत्राच्या (५२ लाख हेक्टर) १७.७३ टक्के (९.२२ लाख हेक्टर) क्षेत्र महाराष्ट्र राज्यात होते. देशातील एकूण ऊस उत्पादनाच्या (३७६९.०५ लाख टन) २५.२२ टक्के उत्पादन (९५०.६५ लाख टन) राज्यात झाले होते. राज्याची दर हेक्टरी उत्पादकता (१०३.१० टन/हेक्टर) ही राष्ट्रीय उत्पादकतेपेक्षा (६९.६० टन/हेक्टर) जास्त होती. राज्याचा सरासरी साखर-उतारा ११.३० टक्के होता. हा राष्ट्रीय सरासरी साखर-उताऱ्यापेक्षा जास्त होता. राज्यातील उसाचे हेक्टरी उत्पादन वाढल्याचा हा स्वातंत्र्यानंतरचा उच्चांक आहे.

ऊस लागवडीचे तीन हंगाम उसाचे उत्पादन व साखर-उताऱ्याच्या दृष्टीने योग्य आहेत.

१. सुरू हंगाम : १५ डिसेंबर ते १५ फेब्रुवारी

२. पूर्वहंगाम : १५ ऑक्टोबर ते १५ नोव्हेंबर

३. आडसाली (दीड वर्षे) : १५ जुलै ते १५ ऑगस्ट

महाराष्ट्र शासनाने राहुरी येथील महात्मा फुले कृषी विद्यापीठांतर्गत मध्यवर्ती ऊस संशोधन केंद्र, पाडेगाव, जि. पुणे व वसंतदादा साखर संस्था (व्हीएसआय), पुणे यांच्या माध्यमातून आत्तापर्यंत अधिक उत्पादन व चांगला साखर-उतारा असणाऱ्या जाती प्रसारित केल्या आहेत.

वाणाचे नाव	कालावधी (महिने)	उत्पन्न (क्विंटल / हेक्टर)	वैशिष्ट्ये
को ८६०३२ (नीरा)	१३ ते १४	सुरू १०६ टन पूर्वहंगामी १३९ टन आडसाली १५९ टन (जास्तीत जास्त १८० टन)	मध्यवर्ती ऊस संशोधन केंद्र, पाडेगाव १९९६मध्ये प्रसारित जात. सुरू व पूर्वहंगामी शिफारस, खोडवा चांगला, गुळासाठी उत्तम, साखर-उतारा जास्त, को ६२१९८ व कोसी ६९१ चा संकर
कोसी ६७१ (वसंत)	१० ते ११	सुरू ९०-११० टन पूर्वहंगामी १३९ टन (जास्तीत जास्त १६० टन)	पाडेगाव १९९४मध्ये प्रसारित, गुळासाठी उत्तम, सुरू - पूर्वहंगामी शिफारस, खोडवा चांगला, साखर-उतारा चांगला, मराठवाड्यासाठी शिफारस, पण खोडकिड्यास बळी पडते. उशिरा तोडल्यास प्रत घसरते. क्यू ६३ व को ७७५ चा संकर
को ७२१९ (संजीवनी)	११	१००-१२० टन/हे.	सुरू हंगाम व गूळ निर्मितीसाठी चांगला वाण, खोडकिडीस बळी, खोडवा चांगला

वाणाचे नाव	कालावधी (महिने)	उत्पन्न (क्विंटल / हेक्टर)	वैशिष्ट्ये
को ९४०१२ (फुले सावित्री)	१२ ते १३	पूर्वहंगामी १३९ टन/हे. (जास्तीत जास्त १५० टन)	पाडेगाव २००४मध्ये प्रसारित वाण, खोडवा चांगला, साखर-उतारा जास्त, गुळासाठी चांगला, कोसी ६७१ च्या सोकोलोनपासून निर्मिती, कमी पाणी सहन होत नाही.
कोएम ०२६५ (फुले २६५)	१२ ते १३	सुरू १५० ते १६० टन पूर्वहंगामी २०० टन आडसाली २०० टन	को ८७०४४ मादीच्या निवड पद्धतीतून विकसित, पाडेगाव २००५मध्ये प्रसारित, साखर-उतारा जास्त, तिन्ही हंगामात लागवड, लालकूज-मर रोगास प्रतिकारक्षम, पाणी कमी सहन करते, खारवट जमीन चालते.
को ९२००५ (पंचगंगा)	१२ ते १४	सुरू १२९ ते १३४ टन/हे.	पाडेगाव २००९मध्ये प्रसारित, सुरू हंगामासाठी, साखर-उतारा जास्त, गुळासाठी उत्तम जात
कोव्हीएसआय ९८०५ (सरद)	१२ ते १३	सुरू १३५ टन पूर्वहंगामी १३८ टन	वसंतदादा इन्स्टिट्यूटतर्फे प्रसारित, सुरूसाठी, सरळ वाढणारा, त्यामुळे हार्वेस्टरने काढता येतो, काणी - गवताळ वाढ रोगास मध्यम प्रतिकारक, मराठवाडा पूर्वहंगामी लागवड, ८६०३२ पेक्षा २१ ते २५ टक्के जास्त उत्पन्न
फुले १०००१ (एमएस १०००१)	१० ते १२	सुरू १३२.८२ टन पूर्वहंगामी १५१.०९ टन	पाडेगाव २०१७मध्ये प्रसारित, उत्तम खोडवा, क्षारपड जमिनीतही येतो, चाबूककाणी - मर - लालकूज रोगास प्रतिकारक्षम
कोव्हीएसआय ४३४ (व्हीएसआय ०८१२१)	११ ते १२	१२९ टन	वसंतदादा इन्स्टिट्यूट प्रसारित, साखर-उतारा जास्त, पोक्का बोंग व गवताळ वाढ रोगास कमी बळी पडतो, लवकर पक्व होतो. सुरू - पूर्वहंगामी लागवडीस योग्य
व्हीएसआय ०८००५ (व्हीएसआय १२१२१)	१२ ते १४	सुरू १३३ टन पूर्वहंगामी १४८ टन आडसाली १६२ टन	पूर्वहंगामी, हंगामी व आडसाली लावणीस उपयुक्त, काणी रोगास मध्यम प्रतिकारक्षम, २०१८मध्ये प्रसारित, साखर-उतारा आणि खोडवा उत्तम
को ७१२५			सुरू लागवड आणि गुळासाठी चांगला

वाणाचे नाव	कालावधी (महिने)	उत्पन्न (क्विंटल / हेक्टर)	वैशिष्ट्ये
कोव्हीएसआय ०३१०२ (व्हीएसआय ०८१२३)	१३ ते १४	सुरू १२२.९८ टन पूर्वहंगामी १३२.२० (१४९) टन/हे.	वसंतदादा इन्स्टिट्यूट २०१६मध्ये प्रसारित, सरळ वाढणारा, तुरा न येणारा, खोडव्याचे अधिक उत्पन्न देणारा वाण, खोडकिडा - लोकरी मावा - लालकूज रोगास मध्यम प्रतिकारक, अतिपर्जन्य भागासाठी शिफारस, १४ महिन्यांनंतर तोडणीस उशीर झाला तरी लोळत नाही, चोपण जमीनही चालते.
को ८०१४ (महालक्ष्मी)	११ ते १२	सुरू ९८ टन पूर्वहंगामी १३५ टन जास्तीत जास्त १८० टन/हे.	१९९४मध्ये प्रसारित, तिन्ही हंगामात लागवड, साखरेचे प्रमाण जास्त, काजळी व खोडसर रोगास प्रतिकारक्षम, गुळासाठी उत्तम, पाणी ताण कमी सहन करतो.
को ७५२७			सुरू लागवड आणि गुळासाठी उत्तम, तांबेरा भागात लावू नये.
व्हीएसआय ४३४ (यशवंत)	१०	१२० टन/हे.	वसंतदादा इन्स्टिट्यूट पुणे संशोधित
कोम ८८१२१ (कृष्णा)	१४	१५० टन/हे.	खोडवा उत्तम
संकेश्वर ६३२		१७५ टन/हे.	गूळ व साखरेसाठी उत्तम
स्थानिक जाती : देशी पुंड्या, वाळा, जवारी ऊस		१०० टन/हे.	ऊस रसाच्या धंद्यासाठी
को ९९००४ (दामोदर)	१२	१२७ टन/हे.	अखिल भारतीय ऊस संशोधन केंद्र, कोईमतूर (तमिळनाडू) येथे को ६२१७५ व को ५६२५० जातींच्या संकरातून निर्माण केलेली २००७मध्ये प्रसारित झाली. को ८६०३२ पेक्षा ऊस व साखर उत्पादन अनुक्रमे २.७८ टक्के व ७.२७ टक्के अधिक मिळाले आहे. पूर्वहंगामासाठी शिफारस
को ९५०१२	१२.५	१४० टन/हे.	
जेएलए ५०५			

तृणधान्य पिके

भारतातील एकूण तृणधान्य पिकाखालील (२६३.१ लाख हेक्टर) क्षेत्रापैकी (९२.३१ लाख हेक्टर) ३५ टक्के क्षेत्र हे महाराष्ट्र राज्यात आहेत; तसेच एकूण तृणधान्य उत्पादनापैकी (२५३ लाख टन) महाराष्ट्रामध्ये ३५ टक्के (८७.७२ लाख टन) उत्पादन होते. राज्यातील तृणधान्याची सरासरी उत्पादकता ही ९.५ क्विंटल प्रति हेक्टर आहे. प्रमुख तृणधान्य उत्पादनांमध्ये पश्चिम महाराष्ट्रातील बाजरी, रब्बी ज्वारी व गहू या पिकांचा हिस्सा अनुक्रमे ६५, ४९ व ४७ टक्के इतका आहे.

तृणधान्याचे बियाणे हे योग्य जातीचे, योग्य गुणधर्म असलेले पेरले तरच चांगले उत्पादन मिळते; नाहीतर त्यावर केलेला खर्च वाया जातो. ज्वारी, धान, बाजरी, मका, मधुमका, गहू, नाचणी व वरई या पिकांच्या जातींची माहिती दिलेली आहे. शेतकऱ्यांनी आपल्या जमिनीची प्रत व पाण्याची उपलब्धता विचारात घेऊन पीक व वाण यांची निवड करावी.

ज्वारी

वाणाचे नाव	कालावधी (दिवस)	उत्पन्न (क्विंटल / हेक्टर)	वैशिष्ट्ये
एसपीव्ही ६६९ (सीएसव्ही ६६९)	११५ ते १२०	धान्य ३८ ते ४० कडबा १२० ते १२५	खरीप, सुधारित / शुद्ध वाण
एसपीव्ही ९४६ (सीएसव्ही १५)	११० ते ११५	धान्य ३६ ते ३७ कडबा १२५ ते १३०	खरीप, सुधारित / शुद्ध वाण, सरळ वाढणारे, भाकरी उत्तम
पीव्हीके ४०० (एसपीव्ही ९६०) (पांचाली)	११० ते ११५	धान्य ३५ ते ३६ कडबा १२० ते १२५	खरीप, सुधारित वाण, मध्यम ते भारी जमिनीत येते. दाणे टपोरे पांढरे, कडबा चांगला, मरवा - बुरशी रोग प्रतिकारक्षम, साखर जास्त (टीएसएस १८ टक्के)

वाणाचे नाव	कालावधी (दिवस)	उत्पन्न (क्विंटल / हेक्टर)	वैशिष्ट्ये
एसपीव्ही १६१६ (सीएसव्ही २०)	११० ते ११५	धान्य ३६ ते ३८ कडबा १२० ते १२५	सुधारित वाण, बागायती
सीएसव्ही २३	११० ते ११५	धान्य २५ ते ३० कडबा १५० ते १५५	खरीप, सुधारित, कडबा जास्त
पीव्हीके ८०१ (१३३३) (परभणी श्वेता)	११५ ते १२०	धान्य ४० ते ४५ कडबा ९० ते ९५	खरीप, सुधारित, मध्यम ते भारी जमीन चांगली, संकरितसारखी दिसते, पावसात दाणे काळे पडत नाहीत, दाणे कडबा दोन्ही चांगले, उंची ६-७ फूट, सरळ वाण, बियाणे पुन्हा पेरता येते, भाकरी उत्तम
पीकेव्ही ८०९ (एसपीव्ही १४७४)	११५ ते १२०	धान्य ३० ते ३५ कडबा १२५ ते १३०	खरीप, सुधारित, मध्यम ते भारी जमीन, काव्व्या बुरशीस प्रतिकारक्षम, कडबा - भाकरी उत्तम
परभणी शक्ती (पीव्हीके १००९)	११५ ते १२०	धान्य २० ते २५	खरीप सुधारित, अधिक लोह, भाकरी - कडबा उत्तम व जस्तयुक्त ज्वारी वाणी, देशातील पहिले बायोफोर्टिफाईड वाण
सीएसव्ही २०	१०९ ते ११५	धान्य ३० ते ३५	राहुरी विद्यापीठाचे सुधारित वाण
सीएसएच १४	१०५ ते १०७	धान्य ३६ ते ३८ कडबा ८५ ते ९०	खरीप, संकरित वाण, लवकर येणारे, खोडवा चांगला येतो, कडबा मध्यम प्रतीचा
सीएसएच १७	१०० ते १०५	धान्य ४२ ते ४५ कडबा ९५ ते १००	खरीप, संकरित वाण, लवकर येणारे, उंचीने बुटका, कडबा कमी
सीएसएच ९	११० ते ११५	धान्य ४८ ते ५० कडबा १०० ते १०५	खरीप, संकरित, मध्यम कालावधीचे वाण
एसपीएच ३८८	११० ते ११५	धान्य ४८ ते ५० कडबा १०० ते १०५	खरीप, मध्यम कालावधीचे संकरित वाण
सीएसएच १६	११० ते ११५	धान्य ४५ ते ५० कडबा १२० ते १२५	खरीप, संकरित वाण, खोडवा चांगला येतो, पावसात दाणे काळे पडत नाहीत.
सीएसएच १८	११० ते ११५	धान्य ४५ ते ४७ कडबा ११० ते ११५	खरीप, संकरित वाण, पावसात दाणे काळे पडत नाहीत.

वाणाचे नाव	कालावधी (दिवस)	उत्पन्न (क्विंटल / हेक्टर)	वैशिष्ट्ये
सीएसएच २५ (परभणी साईनाथ)	११० ते ११५	धान्य ४५ ते ५० कडबा ११० ते ११५	२००५मध्ये प्रसारित, खरीप, उपयुक्त संकरित वाण, उंच वाढते, ज्वारी - कडबा दोन्ही उत्तम, मावा - बुरशी प्रतिकारक
एसपीएच ८४०	११० ते ११५	धान्य ४८ ते ५० कडबा १०५ ते ११०	खरीप, संकरित वाण, ज्वारी - कडबा चांगले, खोडवा चांगला येतो.
एसपीएच १६३५	११० ते ११५	धान्य ४८ ते ५० कडबा १२० ते १२५	खरीप, संकरित वाण, बुरशी प्रतिकारक, ज्वारी - कडबा व धान्य उत्तम, नवीन प्रसारित
एसपीएच १६४१	११५ ते १२०	धान्य ४० ते ४५ कडबा १३५ ते १४०	खरीप, संकरित वाण, सीएसएच २५ पेक्षा १०-१२ टक्के कडबा जास्त, काळी बुरशी - खोडअळीस प्रतिकारक्षम, दाणा पांढरा, चमकदार
पीकेव्ही क्रांती (एकेएसव्ही 13 आर)	१२० ते १२५	धान्य २५ ते ३० कडबा ७० ते ७५	रब्बी हंगामासाठी सुधारित वाण, भारी जमिनीसाठी योग्य वाण
स्वाती (एसपीव्ही ५०४)	११५ ते १२०	धान्य २० ते २२ (को) ३२ ते ३६ (बा) कडबा ६५ ते ७०	मध्यम भारी जमीन, रब्बी, सुधारित वाण, कडबा जास्त, दाणे टपोरे, भाकरी चांगली, बागायतीसाठी उत्तम, मालदांडीपेक्षा १० ते १५ टक्के कडबा उत्पादन कमी, दाणे लहान म्हणून भाव कमी
मालदांडी ३५-१	११५ ते १२५	धान्य १८ ते २० (को) ३०३ ते ५ (बा) कडबा ९० ते ९५	मध्यम ते भारी जमीन योग्य, स्थानिक रब्बी सुधारित वाण, ओलीनाच्या तीन पाण्याला प्रतिसाद, खोडमाशीस मध्यम प्रतिकारक, दाणा - कडबा प्रत सर्वांत उत्तम, लाह्यासाठी उपयुक्त, पाणी ताण सहनशील
सीएसव्ही १४ आर (एसपीव्ही ८३९)	११५ ते १२०	धान्य २२ ते २४ कडबा ७० ते ७५	रब्बीचे सुधारित वाण, कडबा - दाणे चांगले, दाणे - भाकरी चांगली, भारी जमीन योग्य, मालदांडीपेक्षा दाणे १० ते १५ टक्के जास्त उत्पादन, बागायतीसही उपयुक्त

वाणाचे नाव	कालावधी (दिवस)	उत्पन्न (क्विंटल / हेक्टर)	वैशिष्ट्ये
एसपीव्ही १३५९ (फुले यशोदा)	१२० ते १२५	धान्य २२ ते २६ (को) ३२ ते ३५ (बा) कडबा ७५ ते ८०	रब्बीचे सुधारित वाण, मध्यम भारी, जमीन चांगली, कडबा जास्त, बागायतीस उत्तम, दाणे - भाकरी चांगली, उंच वाढूनही लोळत नाही, खोडमाशी - खडखड्या रोग प्रतिकारक
सीएसव्ही १८ आर (एसपीव्ही १५९५) (परभणी ज्योती)	१२० ते १२५	धान्य ३३ ते ४० कडबा ११० ते १२०	रब्बीसाठी सुधारित बागायती जमिनीस योग्य वाण, मावा कीड प्रतिकारक, लोळत नाही, भरपूर कडबा
आरएसएलजी २६२ (फुले माउली)	१०५ ते ११०	धान्य १५ ते २५ (को) ३२ ते ४० (बा) कडबा १२०	रब्बीसाठी कोरडवाहू व बागायतीसाठी वाण, हलक्या जमिनीत येते, अवर्षणात तग धरते, खोडमाशी - खडखड्या रोग प्रतिकारक
एसपीव्ही १४११ (परभणी मोती)	१२० ते १२५	धान्य २२ ते २५ (को) ३२ ते ३५ (बा) कडबा १२०	रब्बीसाठी सुधारित वाण, कोरडवाहू व बागायती येते, दाणे टपोरे, मोत्यासारखे दाणे, भाकरी उत्तम, पाणी - खतास उत्तम प्रतिसाद, मध्यम व भारी जमिनीसाठी योग्य
एसपीव्ही २४०७ (परभणी सुपर मोती)	११५ ते १२०	धान्य ३० ते ३२ कडबा १२०	मराठवाड्यासाठी, रब्बी हंगामात सुधारित वाण, मध्यम उंची, कडबा मालदांडीपेक्षा कमी मिळतो, बागायतीस उत्तम, कडबा सात-आठ फूट उंच
सीएसएच १५ आर (एसपीएच ६७७)	१२० ते १२५	धान्य ३० ते ४५ कडबा १२०	रब्बीसाठी संकरित ज्वारीचे वाण, मध्यम ते भारी जमिनीत येते, खोडमाशीस प्रतिकारक, बागायतीस योग्य
सीएसएच १९ आर (एसपीएच १०१० आर)	११५ ते १२०	धान्य २२ ते २४ (को) ४० ते ४२ (बा) कडबा १२०	रब्बीसाठी संकरित वाण, मध्यम ते भारी जमिनीत येते, दाणे मध्यम आकाराचे, चमकदार
फुले सुचित्रा	१२० ते १२५	धान्य २४ ते २८ कडबा १३०	दाणे पांढरेशुभ्र, रब्बी हंगामासाठी, मध्यम जमिनीत येते.

वाणाचे नाव	कालावधी (दिवस)	उत्पन्न (क्विंटल / हेक्टर)	वैशिष्ट्ये
फुले वसुधा	११६ ते १२०	धान्य १८ ते २० (को) ३० ते ३५ (बा) कडबा १३०	रब्बी वाण, सुधारित, भारी जमिनीत येते, बागायती
एकेएसएसव्ही २२	११५ ते १२०	१३ ते १४	खरीपसाठी, सरळ वाण, गोड ज्वारी, खोडकिड्यास प्रतिकारक, रसात शर्करा ११.५ ते १२ टक्के
सीएसव्ही १७	१०५ ते ११०	२२ ते २५	बुटका, अति लवकर येणारा, सरळ वाण
एसपीव्ही ८३९	११५ ते १२०	धान्य २० ते २४ कडबा ५५ ते ६०	सुधारित वाण, रब्बीसाठी, दाणे टपोरे, खोडमाशी प्रतिकारक
सिलेक्शन ३	१०५ ते ११०	धान्य ५ ते ६ कडबा १.५ ते १.८	सुधारित, रब्बी वाण, हलक्या जमिनीत येते.
रिगणी	१२० ते १२५	धान्य १४ ते १५ कडबा ६० ते ६५	स्थानिक रब्बी वाण
सुधारित रामकेल		वैरण ४०० ते ५०० हिरवा चारा धान्य १५० ते १६० कडबा २५ ते २८	वैरणीसाठी खरीप व उन्हाळी ज्वारी
पीकेव्ही अश्विनी (वाणी ११/६)	८२ ते ८४	४२ ते ४३	हुरड्यासाठी, मिज माशीस बळी पडत नाही.
वणी हुरडा	–	–	स्थानिक हुरड्यासाठी ज्वारी वाण
गूळबेडी	–	२५	स्थानिक रब्बी ज्वारीचे वाण (हुरडा)
कुचकुची	–	–	स्थानिक, रब्बी हंगामाचे हुरड्याचे वाण
एसपीव्ही १५४९ (अकोला क्रांती) पीकेव्ही क्रांती / एकेएसव्ही १३ आर	१२० ते १२२	धान्य २५ ते ३० कडबा ७५ ते ८०	सुधारित वाण, खोडकिडा, खोडमाशी, मावा कीड सहनशील
स्थानिक दगडी	–	२५	रब्बी, स्थानिक वाण

वाणाचे नाव	कालावधी (दिवस)	उत्पन्न (क्विंटल / हेक्टर)	वैशिष्ट्ये
फुले अनुराधा	१०५ ते ११०	१० ते १२ (को)	कोरडवाहू व बागायती, खोडकिडा सहनशील, रब्बी, हलक्या जमिनीत येते.
एसपीव्ही ४६२			भारी जमिनीत येते.
फुले रेवती	११८ ते १२०	४० ते ४५ (बा)	रब्बीसाठी, खोडकिडी सहनशील, सुधारित वाण, बागायतीसाठी
फुले पंचमी	–	१२ ते १४	लाह्यांसाठी उत्तम ज्वारी
फुले उत्तरा १०१	–	२० ते २५	लाह्यांसाठी, हुरड्यासाठी उपयुक्त वाण
फुले मधुर	–	–	हुरड्यासाठी उत्तम वाण
फुले चित्रा (एसपीव्ही २०४८)	१२० ते १२५	२० ते २५	रब्बी, पश्चिम महाराष्ट्र, कणीस घट्ट, मध्यम जमिनीसाठी, बागायती, खोडकिड सहनशील, दाणे पांढरे मोत्यांसारखे
सीएसव्ही १३	११० ते ११५	धान्य ३५ ते ४० कडबा ११० ते १२०	मध्यम, भारी जमीन, खोडमाशी प्रतिकारक
सीएसव्ही १५	११० ते ११५	धान्य ४० ते ४५ कडबा १० ते १२	मध्यम भारी जमीन, कडबा उत्तम
सीएसव्ही ११	११० ते ११५	धान्य ३० ते ३५ कडबा १० ते १२	मध्यम भारी जमीन
सीएसव्ही १२	११० ते ११५	धान्य ३६ ते ४० कडबा १२ ते १३	फक्त भारी जमिनीसाठी, खोडमाशी प्रतिकारक
महाबीज ७	११५ ते १२०	६० ते ६५	दाणा टपोरा, पांढरट पिवळसर, २००-२०५ सेंमी उंच, जमिनीवर लोळत नाही, महाबीजचे वाण
भाग्यलक्ष्मी २९६	१०५ ते ११०	६५.७०	दाणा मोठा, टपोरा, पिवळसर आणि चमकदार, १८०-२०० सेंमी उंच, जमिनीवर लोळत नाही, मावा कीड प्रतिकारक्षम

वाणाचे नाव	कालावधी (दिवस)	उत्पन्न (क्विंटल / हेक्टर)	वैशिष्ट्ये
फुले वसुधा	११६ ते १२०	–	रब्बी, दाणे गोल आणि मोत्यासारखे पांढरे, संकरित

इतर काही वाण

- **गोड ज्वारी :** एसएसव्ही ८४, सीएसव्ही २४, सीएसव्ही १९५५
- **रब्बीसाठी सुधारित वाण :** एसपीव्ही ८६
- **भारी जमिनीसाठी :** सीएसव्ही २२
- **पापडासाठी उत्तम वाण :** फुले रोहिणी
- **संकरित वाण :** सीएसएच ५, सीएसएच १०, सीएसएच १४, सीएसएच २१, सीएसएच २३, सीएसएच २५, सीएसएच २७, सीएसएच ३०, सीएसएच ३५
- **सुधारित वाण :** सीएसव्ही २७, सीएसव्ही २८, सीएसव्ही २३

नाचणी (नागली)

वाणाचे नाव	कालावधी (दिवस)	उत्पन्न (क्विंटल / हेक्टर)	वैशिष्ट्ये
फुले नाचणी	११५ ते १२०	२० ते २२	गरवी जात, उंच वाढणारा, करपा प्रतिकारक, न लोळणारी जात, उशिरा पक्व होणारी, जास्त पाऊसमानात उत्तम येते.
केओपीन ९४२	१०० ते १०५	१८ ते २०	मध्यम कालावधीत पक्व होणारे वाण

इतर काही वाण

- **हळवी जात :** दापोली १, जीपीयू २६
- **गरवी जात :** हंसा, आययुटी २, कोकण सफेद, व्हीएल १४९, पीआर २०२
- **निमगरवी जात :** शारदा ई ३१, जीपीयू २८

धान / भात

भारत भात पिकाचा मातृदेश आहे. १४,००० वर्षांपूर्वीपासून आपण भात पिकवतो. १९७०पर्यंत भारतात भाताच्या १,१०,००० जाती होत्या. आता ६०० जाती उरल्या आहेत. जुन्या वाणात लोह, प्रथिने, जीवनसत्त्व ब व औषधी गुणधर्म जास्त होते. डॉ. डेबल डेब (ओडिशा) यांनी भाताच्या ७०० जातींचे जतन व संवर्धन केले आहे.

वाणाचे नाव	कालावधी (दिवस)	उत्पन्न (क्विंटल / हेक्टर)	वैशिष्ट्ये
साकोली ६	११५ ते १२०	४० ते ५०	खरीप व उन्हाळी लागवडीयोग्य, लवकर पक्व होणारे, खाण्यास उत्तम
साकोली ७	१३० ते १३५	४० ते ४५	मध्यम उंच, सुवासिक, करपा रोगास प्रतिकारक, तांदूळ उतारा ७० टक्के
साकोली ८	१४० ते १४५	४० ते ४५	उशिरा पक्व होणारे, बहुकिडीस प्रतिकारक, करपा व कडा करपा रोगास साधारण प्रतिकारक वाण
सिंदेवाही १	११५ ते १२०	४० ते ४५	ठेंगणी व न लोळणारी जात, कडा करपा रोगास साधारण प्रतिकारक
सिंदेवाही ४	१३५ ते १४०	४० ते ४५	मध्यम कालावधीचे, ठेंगणे वाण, खाण्यास उत्तम, दाण्याची प्रत उत्तम, करपा रोगास साधारण प्रतिकारक
सिंदेवाही ५	१४५ ते १५	५० ते ५५	उशिरा येणारी, रोगास साधारण प्रतिकारक, पाणथळ / खोलगट जमिनीत घेता येते.
सिंदेवाही २००१	१३० ते १३५	४५ ते ५०	मध्यम कालावधीचे, ठेंगू - कीड रोग - गादमाशी आणि तुडतुड्यास साधारण प्रतिकारक
सिंदेवाही ७५	१३५ ते १४०	५० ते ५५	ठेंगणे, मध्यम कालावधीचे वाण, न लोळणारी जात, करपा रोग प्रतिकारक, खाण्यास उत्तम
सह्याद्री १	१३० ते १३५	६५ ते ७०	संकरित वाण, पोहे मुरमुऱ्यासाठी उत्तम वाण, लांबट बारीक दाणा

वाणाचे नाव	कालावधी (दिवस)	उत्पन्न (क्विंटल / हेक्टर)	वैशिष्ट्ये
सह्याद्री २ (वशिष्ठी)	११५ ते १२०	६० ते ६५	संकरित, हळवी जात, किडीस प्रतिकारक, लांबट बारीक दाणा, तांदूळ उतारा जास्त
सह्याद्री ३ (सावित्री)	१२५ ते १३०	६५ ते ७०	संकरित, लांबट बारीक दाणा, निमगरवा वाण
सह्याद्री ४ (हंसा)	११५ ते १२०	६० ते ६५	संकरित, हळवा वाण, लांबट बारीक तांदूळ
सह्याद्री ५ (हिरकणी)	१४५ ते १५०	६० ते ६५	संकरित जात, लांबट बारीक दाणा
कर्जत २	१४० ते १४५	४० ते ४५	गरवा वाण, लांबट बारीक दाणा
कर्जत ३	११५ ते १२०	४० ते ४५	हळवा वाण, आखूड व जाड दाणा
कर्जत ४	११० ते ११५	३० ते ३५	हळवा वाण, आखूड, अति बारीक दाणा
कर्जत ५	१२५ ते १३०	५० ते ५५	निमगरवा वाण, लांबट जाड दाणा
कर्जत ६	१३० ते १३५	४० ते ४५	निमगरवा वाण, आखूड व बारीक दाणा
कर्जत ७	११५ ते १२०	४० ते ४५	हळवा वाण, लांबट बारीक दाणा
कर्जत ८	१४० ते १४५	३५ ते ४०	गरवा वाण, आखूड व बारीक दाणा
कर्जत ९	१२० ते १२५	४५ ते ५०	निमगरवा वाण, मध्यम बारीक दाणा
कर्जत १८४	१०० ते १०५	३० ते ३५	हळवा वाण, लांबट बारीक दाणा
रत्नागिरी १	११० ते ११५	४० ते ४५	हळवा वाण, लांबट जाड दाणा
रत्नागिरी २	१४० ते १४५	४० ते ४५	गरवा वाण, आखूड व जाड दाणा
रत्नागिरी ३	१४० ते १४५	४० ते ४५	गरवा वाण, लांबट बारीक दाणा
रत्नागिरी ४	१२५ ते १३०	४५ ते ५०	निमगरवा वाण, लांबट बारीक दाणा
रत्नागिरी ५	११५ ते १२०	३६ ते ४०	हळवा वाण, आखूड व बारीक दाणा
रत्नागिरी २४	११५ ते १२०	३५ ते ४०	हळवा वाण, लांबट बारीक दाणा
रत्नागिरी ७३-१	९५ ते १००	३५ ते ४०	—
रत्नागिरी ७११	११५ ते १२०	४० ते ४५	हळवा वाण, लांबट बारीक दाणा
पनवेल १	१२५ ते १३०	३५ ते ४०	खारवट जमिनीसाठी योग्य वाण, आखूड व जाड दाणा

वाणाचे नाव	कालावधी (दिवस)	उत्पन्न (क्विंटल / हेक्टर)	वैशिष्ट्ये
पनवेल २	११० ते ११५	३० ते ३५	खारवट जमिनीसाठी योग्य, लांबट व बारीक दाणा
पनवेल ३	११० ते ११५	३५ ते ४०	खारवट जमिनीसाठी योग्य, आखूड व जाड दाणा
पालघर १ व १	१२५ ते १३०	४५ ते ५०	निमगरवा वाण, मध्यम, जाड
पीकेव्ही किसान	१३० ते १३५	४० ते ४५	ठेंगणे, मध्यम कालावधीचे, न लोळणारे, खाण्यास उत्तम, रोगास साधारण, प्रतिकारक वाण, खरीप / उन्हाळी
पीकेव्ही गणेश	१२६ ते १२८	४० ते ४५	खरीप / उन्हाळी हंगामाचे, मध्यम उंचीचे, पीकेव्ही एचएमटीसारखे दिसणारे, तुडतुडे
पीकेव्ही एचएमटी	१३५ ते १४०	४० ते ४५	खरीप / उन्हाळी हंगामाचे, ठेंगणे, खाण्यास अति उत्तम, मऊ मोकळा भात, रोगास साधारण प्रतिकारक वाण
पीकेव्ही मकरंद	१२१ ते १२५	३५ ते ४०	सुवासिक, बुटका, खाण्यास उत्तम, कडा करपा रोगास साधारण प्रतिकारक, चित्रोरपेक्षा २० दिवस आधी पक्व होतो.
पीकेव्ही खमंग	१३० ते १३५	४० ते ४५	सुवासिक, बुटका, खाण्यास उत्तम, रोगास साधारण प्रतिकारक, आखूड दाणा
आरडीएन ९९-१	११० ते ११५	३५ ते ४०	कृषी संशोधन केंद्र राधानगरी, जिल्हा कोल्हापूर संशोधित वाण, बारीक दाणे, करपा - ब्लास्ट, स्कालड रोगास मध्यम प्रतिकारक
राजा	११५ ते १२०	४० ते ४५	हळवा वाण, लांबट व बारीक दाणा
फुले राधा (एसीके ५)	११५ ते १२०	४० ते ४५	हळवा वाण, राहुरी कृषी विद्यापीठातर्फे (कोल्हापूर) २००४मध्ये प्रसारित, मध्यम बारीक दाणा
फुले मावळ	१२५ ते १३०	४५ ते ५०	निमगरवा वाण, राहुरी विद्यापीठ प्रसारित वाण, लांबट व जाड दाणा

वाणाचे नाव	कालावधी (दिवस)	उत्पन्न (क्विंटल / हेक्टर)	वैशिष्ट्ये
फुले समृद्धी	१२५ ते १३०	४५ ते ५०	निमगरवा, राहुरी विद्यापीठातर्फे २००७मध्ये प्रसारित वाण, लांबट व बारीक दाणा
फुले आरडीएन ६	१२५ ते १३०	४५ ते ५०	निमगरवा, राहुरी विद्यापीठाचा वाण, लांबट व बारीक दाणा
बासमती ३७०	१३० ते १३५	३० ते ३५	सुवासिक वाण, लांबट व बारीक दाणा
भोगावती	१३५ ते १४०	४५ ते ५०	२००४मध्ये प्रसारित सुवासिक वाण, लांबट व बारीक दाणा
मसुरी	१४० ते १४५	४० ते ४५	गरवा वाण, लांबट व बारीक दाणा
जया	१२५ ते १३०	४५ ते ५०	निमगरवा वाण, लांबट व जाड दाणा
आरपी ४-१४	१२० ते १२५	४० ते ४५	निमगरवा वाण, लांबट व बारीक दाणा
पराग	१०८ ते ११२	२० ते ३०	पेरभात, मध्यम बुटका, तांदूळ उत्तम, परभणी विद्यापीठाचा प्रभावती व बासमती ३७० चा संकरित वाण, जमिनीत लोहाची कमतरता सहन करतो, हळवा
अंबिका	११० ते ११५	१७ ते २०	पेरभात, सुधारित, पाणी ताण सहन करणारा, फुटवे जास्त, एकाच वेळी पक्व होणारा वाण, करपा प्रतिकारक, कोरडवाहूसाठी उत्तम वाण, हळवा, लांबट दाणा
तेरणा (एएमएयू - ९)	९० ते १००	२० ते २५	पेरभात, हळवा, तांदूळ उत्तम, कोरडवाहूसाठी चांगला, करपा रोग प्रमाण कमी, अंबिका वाणापेक्षा चांगला व १०-१२ दिवस आधी पक्व होणारा वाण
प्रभावती (परभणी १)	११५ ते १२०	३५ ते ४०	सुधारित, पेरभातासाठी उत्तम वाण, फुटवे जास्त, लोळत नाही, दाणा मध्यम आकाराचा, सुवासिक तांदूळ, लोह कमतरता सहन करणारा, भारी जमिनीत येणारा परभणी विद्यापीठाचा वाण

वाणाचे नाव	कालावधी (दिवस)	उत्पन्न (क्विंटल / हेक्टर)	वैशिष्ट्ये
सुगंधा	११० ते ११५	४० ते ४५	सुधारित पेरभाताचा वाण, बुटका, ओलितास प्रतिसाद देणारा, दाणे सुवासिक व लांबट, करपा रोग प्रतिकारक वाण
आविष्कार (परभणी १)	११० ते ११५	३५ ते ४०	सुधारित पेरभाताचा वाण, मध्यम बुटका, लोह कमतरता सहन करतो, तांदूळ सुवासिक, बागायतीस प्रतिसाद देणारा वाण, लांबट दाणा
टीजेपी ४८	११० ते ११५	२२ ते २४	मध्यम बुटका, सुवासिक, न लोळणारा वाण, पेरभातासाठी योग्य
पीबीएनआर ०३-२	१०५ ते ११०	३६ ते ३८	पेरभाताचा, मध्यम बुटका, सुवासिक, बागायतीस प्रतिसाद देणारा वाण
केआरएच-४		७५ ते ७८	कर्नाटक हायब्रीड, कमी पाण्यात येणारा
इतर काही वाण			
साकोली ९, रत्नागिरी ६, रत्नागिरी ७, कोलम, कृष्णा, वैभव, राधानगरी १८५-२, नारा, नीला, सुरक्षा, कर्जत १०			

बाजरी

बाजरीच्या भाकरीला २७०० वर्षांचा इतिहास आहे. इटली (रोम)मध्ये बाजरीपासून कपडे तयार करतात. राजस्थानमध्ये बाजरीचे देशातील ५० टक्के क्षेत्र आहे. एकूण उत्पादनांपैकी ३५ टक्के बाजरीचे उत्पादन राजस्थानमध्ये होते. राजस्थान कृषी विद्यापीठात बाजरीपासून 5F म्हणजे Food, Fodder, Fuel, Fertilizer व Fiber तयार करण्याचे तंत्रज्ञान विकसित केले आहे.

वाणाचे नाव	कालावधी (दिवस)	उत्पन्न (क्विंटल / हेक्टर)	वैशिष्ट्ये
आरएचआरबीएच ८६०९ (श्रद्धा)	७० ते ८०	धान्य २५ कडबा ३० ते ३५ (५० क्विंटलपर्यंत)	केवडा प्रतिबंधक संकरित वाण, कमी कालावधीत पक्वता
आरएचआरबीएच ८९२४ (सबुरी)	७५ ते ७८	धान्य ३८ ते ३२ कडबा ५० ते ६०	संकरित वाण, कणसावर केस असल्याने पक्षी उपद्रव कमी
एएचबी १६६६ (प्रतिभा)	८० ते ८५	धान्य २७ कडबा ५०	संकरित, केवडा प्रतिबंधक वाण
आरएचआरबीएच ९८०८ (शांती)	८५ ते ९०	धान्य २६ ते ३० कडबा ५०	संकरित वाण, मध्यम उंची, केवडा रोगास प्रतिकारक्षमता
बीबीएच ३ (पीकेव्ही राज)	८० ते ८५	धान्य २९ कडबा ५०	आकर्षक टपोरे दाणे, कणसावर केस असल्याने पक्ष्यांचा उपद्रव कमी, केवडा रोगास प्रतिकारक्षमता, संकरित वाण
फुले आदिशक्ती	८० ते ८५	धान्य ३२ ते ३४ कडबा ४५ ते ५०	आकर्षक टपोरे दाणे, कणीस घट्ट, गोसावी रोग प्रतिकारक्षमता, बिजोत्पादनास फायदेशीर, संकरित वाण
डीएचबीएच १२११ (फुले महाशक्ती)	८५ ते ९०	धान्य २० कडबा ३०	कणीस घट्ट, दाणे ठोकळ, गोसावी रोगास प्रतिकारक्षमता, लोहाचे प्रमाण जास्त, संकरित वाण
धनशक्ती	७४ ते ७८	धान्य २५ ते ३० कडबा ४० ते ४५	सुधारित वाण, कणीस घट्ट, दाणे राखी रंगाचे, टपोरे, गोसावी रोगास प्रतिकारक्षमता, लोह जास्त

वाणाचे नाव	कालावधी (दिवस)	उत्पन्न (क्विंटल / हेक्टर)	वैशिष्ट्ये
आयसीटीपी ८२०३	७० ते ८०	धान्य १९ ते २५ कडबा ४० ते ४२	दाणा मध्यम, राखी रंगाचा, केवडा रोगास प्रतिकारक्षमता, सुधारित वाण, दोन-तीन फुटवे, लोळत नाही.
एआयएमपी ९२९०१ (समृद्धी)	८५ ते ९०	धान्य २५ कडबा ३५ ते ४५	सुधारित वाण, उंच, केवडा, गोसावी रोग प्रतिकारक, भाकरी उत्तम, अवर्षण भागात येते, हिरवे - टपोरे दाणे
पीपीसी ६ (परभणी संपदा)	८० ते ८५	धान्य २५ ते ३० कडबा ४० ते ५०	भाकरी उत्तम, केवडा रोग प्रतिकारक, फुटवे दोन-तीन, अवर्षण क्षेत्रास योग्य
एबीपीसी ४-३	८० ते ९०	धान्य २५ ते ३० कडबा ५५ ते ६०	संकरित वाण परभणी विद्यापीठ, केवडा, गोसावी रोग प्रतिकारक, उंची १४० ते १५० सेंमी
एएचबी १२००	८० ते ८५	धान्य ३० ते ३२ कडबा ५८ ते ६०	संकरित वाण, लोहाचे प्रमाण ८८ मिग्रॅ प्रति किलो, जस्ताचे प्रमाण ४३ मिग्रॅ प्रति किलो
जीएचबी ५५८	७५ ते ८०	धान्य २५ कडबा ३५ ते ४५	संकरित वाण
एएचबी १२६९	८० ते ८२	धान्य २५ कडबा ३५ ते ४५	संकरित वाण, लोह ६१ मिग्रॅ प्रति किलो, जस्त ४३ मिग्रॅ प्रति किलो
आयसीटीपी ८२०३	८५ ते ९०	धान्य २५ कडबा ३५ ते ४५	सुधारित वाण, केवडा रोग प्रतिकारक, लोळत नाही, मध्यम उंची, दाणा टपोरा, रंग करडा
डब्ल्यूसीसी ७५	७० ते ८०	धान्य १५ ते २० कडबा ४०० ते ४५०	सुधारित वाण, दाणे मध्यम
आयसीएमव्ही २२१	७५ ते ८०	धान्य १७ ते २० कडबा ४५ ते ५०	सुधारित वाण, दाणे टपोरे
आयसीएमव्ही ८७९०१	७५ ते ८०	धान्य १७ ते २० कडबा ४५ ते ५०	सुधारित वाण, दाणे टपोरे

वाणाचे नाव	कालावधी (दिवस)	उत्पन्न (क्विंटल / हेक्टर)	वैशिष्ट्ये
पीकेव्ही राज (बीबीएच ३)	८० ते ८५	धान्य २९ क्विंटल कडबा ५० क्विं	आकर्षक टपोरे दाणे, कणसावरील केसांमुळे पक्षी उपद्रव कमी, केवडा रोग प्रतिकारक, संशोधित वाण अकोला कृषी विद्यापीठ
एमएच	९० ते ९५	धान्य २५ ते २६ कडबा ५० ते ६०	–
माणिक	७० ते ७५	–	संकरित वाण, दाणा मोठा, टपोरा व करडा, धान्य व चारा भरपूर
इतर काही वाण बाजरी २२४०, आयसीएमव्ही १५५, एएचबी १२६४			

मका

वाणाचे नाव	कालावधी (दिवस)	उत्पन्न (क्विंटल / हेक्टर)	वैशिष्ट्ये
किरण	८५ ते ९५	४२ ते ४३	संमिश्र, लवकर पक्व होणारे वाण
प्रकाश	९० ते ९५	४५ ते ५०	संकरित, लवकर पक्व होणारे वाण
पीकेव्हीएम (शतक ९९०५)	८५ ते ९०	५५ ते ६०	संमिश्र, लवकर पक्व होणारे वाण
क्यू ५ (पंचगंगा)	९५ ते १००	५० ते ५२	संमिश्र, मध्यम मुदतीत पक्व होणारे वाण
मांजरा	१०० ते १०५	४० ते ५५	संमिश्र, मध्यम मुदतीत पक्व होणारे, नारंगी-पिवळे दाणे असलेले वाण
एमपीक्यू १३	९५ ते १००	५० ते ५५	संमिश्र, मध्यम कालावधीचे वाण
आफ्रिकन टोल	१२० ते १३०	५० ते ५५	संमिश्र, चाऱ्यासाठी उपयुक्त वाण
विवेक संकुल	८० ते ९०		संमिश्र, अति लवकर तयार होणारे वाण
करवीर	१०० ते ११०	४५ ते ५०	संमिश्र, मध्यम मुदतीत पक्व होणारे, नारंगी-पिवळा दाणे असलेले खरीप व रबीस योग्य वाण
प्रभात	१०० ते ११०	४५ ते ५०	संमिश्र, मध्यम मुदतीत पक्व होणारे, पांढरा, मोठा दाणा असलेले वाण, खरीपसाठी योग्य
नवज्योत	१०० ते ११०	५५ ते ६०	संमिश्र, मध्यम मुदतीत पक्व होणारे, दाणे सपाट व पिवळसर रंगाचे असलेले वाण
धवन	१०० ते ११०	४५ ते ५०	संमिश्र, उशिरा पक्व होणारे, पांढरे व मोठे दाणे असणारे, रबीसाठी योग्य वाण
शतक ९९०५	११० ते १२०	४५ ते ५०	संमिश्र, उशिरा पक्व होणारे वाण
जेएच ३४५९	९० ते १००	४० ते ४५	संकरित, लवकर पक्व होणारे वाण
पुसा हायब्रीड १	८० ते ८५	४५ ते ४८	संकरित, लवकर तयार होणारे वाण, पिवळे दाणे

वाणाचे नाव	कालावधी (दिवस)	उत्पन्न (क्विंटल / हेक्टर)	वैशिष्ट्ये
पुसा हायब्रीड २	८० ते ८५	४३ ते ४५	संकरित, लवकर तयार होणारा वाण, पिवळे दाणे
जेके २४९२	९० ते १००	४५ ते ५०	संकरित, लवकर पक्व होणारा वाण
पीईएमएच २	८५ ते ९५	४५ ते ५०	संकरित, लवकर पक्व होणारे वाण
पारस	१०० ते ११०	५० ते ५५	संकरित, मध्यम उशिरा पक्व होणारे वाण
व्ह्यूनीस	१०० ते १०५	५० ते ५५	संकरित, मध्यम कालावधीचे, नारंगी-पिवळे दाणे, खरीप पेरणीस योग्य वाण
राजर्षि	१०० ते ११०	५० ते ६०	संकरित, मध्यम कालावधीचे, नारंगी-पिवळे दाणे, खरीप पेरणीस योग्य वाण
अपरांजी	१०० ते १०५	५० ते ५५	संकरित, मध्यम कालावधीचे वाण
महाराजा	११० ते १२०	८५ ते ९०	संकरित, उशिरा पक्व होणारे, किडीस मध्यम प्रतिकारक्षमता असणारे, मोठे कणीस, एका कणसात १६ ते १८ ओळी, खरीप व रब्बी वाण
डेक्कन १०३	११० ते १२०	५५ ते ६०	संकरित, पिवळा दाणा असणारे व करपा रोगास प्रतिकारक्षमता असणारे वाण
डेक्कन १०५	१०० ते ११०	५५ ते ६०	संकरित, पिवळा दाणा, रब्बीसाठी योग्य
विवेक ७ (क्यूपीएम)	८० ते ९०	५५ ते ६०	संकरित, अति लवकर पक्व होणारे वाण
विवेक १	७० ते ८०	५० ते ५५	संकरित, अति लवकर पक्व होणारे वाण
विवेक २७	७० ते ८०	५० ते ५५	संकरित, अति लवकर पक्व होणारे वाण
डीएचएम ११७	१०० ते ११०	५० ते ५५	संकरित, मध्यम कालावधीत पक्व होणारे
डीएचएम ११९	१०० ते ११०	५० ते ५५	संकरित, मध्यम कालावधीत पक्व होणारे वाण, बेबीकॉर्न
एचएम ४	१०० ते ११०	५० ते ५५	संकरित, मध्यम कालावधीत पक्व होणारे वाण, बेबीकॉर्न
एचएम ८	१०० ते ११०	५० ते ५५	संकरित, मध्यम कालावधीत पक्व होणारे

वाणाचे नाव	कालावधी (दिवस)	उत्पन्न (क्विंटल / हेक्टर)	वैशिष्ट्ये
एचएम १०	१०० ते ११०	५५ ते ६०	संकरित, मध्यम कालावधीत पक्व होणारे
एचएम ११	११० ते १२०	५५ ते ६०	संकरित, उशिरा पक्व होणारे वाण
पीएचएम १	११० ते १२०	५५ ते ६०	संकरित, उशिरा पक्व होणारे वाण
पीएचएम ३	११० ते १२०	५५ ते ६०	संकरित, उशिरा पक्व होणारे वाण
पीएचएम ४	१०० ते ११०	५५ ते ६०	संकरित, मध्यम कालावधीत पक्व होणारे
बायो ९६३७	१०० ते ११०	५५ ते ६०	संकरित, मध्यम कालावधीत पक्व होणारे
बायो ९६८१	११० ते १२०	५५ ते ६०	संकरित, उशिरा पक्व होणारे, पिवळे दाणे
बायो ३७	१०० ते ११०	५५ ते ६०	संकरित, मध्यम - उशिरा कालावधीत पक्व होणारे वाण
डीएमएच १०७	९९ ते १००	५० ते ६०	संकरित, अति लवकर पक्व होणारे, नारंगी रंगाचे दाणे असलेले वाण
सीडटेक २३२४	११० ते १२०	५५ ते ६०	संकरित, उशिरा पक्व होणारे वाण
एमसीएच ३७	१०० ते ११०	५५ ते ६०	संकरित, उशिरा पक्व होणारे वाण
जेएच ३४५९	९० ते १००	५० ते ५५	संकरित, लवकर पक्व होणारे वाण
केएच ९४५१	९० ते १००	५० ते ५५	संकरित, लवकर पक्व होणारे, नारंगी रंगाचे दाणे असणारे वाण
एमएचएच	९० ते १००	५० ते ५५	संकरित, लवकर पक्व होणारे, नारंगी रंगाचे दाणे असणारे वाण
शक्ती १	१०० ते ११०	४५ ते ५०	संमिश्र, नारंगी दाण्याचे मध्यम अवधीत पक्व होणारे, रब्बीमध्ये पेरायचे वाण
त्रिशुलता	१०० ते ११०	५५ ते ६०	संकरित, मध्यम कालावधीचे, पिवळ्या दाण्याचे, रब्बीस योग्य वाण
जेके २४९२	१०० ते ११०	५५ ते ६०	संकरित, खरिपात पेरायचे, नारंगी रंगाचे दाणे असणारे, मध्यम कालावधीत पक्व होणारे वाण

वाणाचे नाव	कालावधी (दिवस)	उत्पन्न (क्विंटल / हेक्टर)	वैशिष्ट्ये
युवराज	खरीप ९५ ते १०० रब्बी ११० ते ११५	६५ ते ७५	हलकी जमीन चालते. संकरित, नारंगी पिवळे दाणे असणारे, खरीप हंगामासाठी, लवकर पक्व होणारे वाण
पिनॅकल	१०० ते ११०	६० ते ७०	संकरित, खरिपाचे, मध्यम कालावधीत पक्व होणारे वाण, नारंगी पिवळा दाणा
प्रबल	१०० ते ११०	६० ते ७०	संकरित, खरिपाचे, मध्यम कालावधीत पक्व होणारे वाण, नारंगी पिवळा दाणा
केएच ९४५१	९० ते १००	५० ते ५५	संकरित वाण, नारंगी दाणे
रणजीत हायब्रीड	११० ते ११५	३० ते ३२	गुलाबी दाणे
गंगा सफेद	१०० ते ११०	४० ते ४२	पांढरे दाणे
हाय स्टार्च	९५ ते ११०	४० ते ४२	पांढरे दाणे
गंगा ५	९० ते ९५	४३ ते ४५	पांढरे दाणे
कारगील ९०१	११० ते ११५	६० ते ६२	पिवळे दाणे
क्यूपीएम ७	११० ते १२०		संकरित वाण, उशिरा पक्व होणारे
विवेक क्यूपीएम ७	८० ते ९०	५० ते ५५	लवकर पक्व होणारे संकरित वाण
डेक्कन १०१	खरीप १०५ ते ११० रब्बी ११० ते ११५	४० ते ४२	पिवळे दाणे
उदय	९५ ते १००	८५ ते ९०	दाणे आकर्षक नारंगी पिवळे, एकल, संकरित मका
संगम	१०५ ते ११०	८५ ते ९०	आकर्षक, नारंगी रंग, खरिपात उपयुक्त, पूर्ण कालावधीचे एकल वाण
कुबेर	१२० ते १३०	९० ते ९५	आकर्षक, नारंगी पिवळे, ८० टक्के दाण्याचा उतारा, दणकट खोड

वाणाचे नाव	कालावधी (दिवस)	उत्पन्न (क्विंटल / हेक्टर)	वैशिष्ट्ये
डीएचएम ११७	१०० ते १०५	७० ते ८०	खरीप व रब्बी, दाणे आकर्षक नारंगी पिवळे, रोगप्रतिकारक
इतर काही वाण			
अरुण, एचएचएम ४०५३, एमआरएम ३८४५			

मधुमका (स्वीट कॉर्न)

वाणाचे नाव	कालावधी (दिवस)	उत्पन्न (क्विंटल / हेक्टर)	वैशिष्ट्ये
माधुरी	६५ ते ७५	६० ते ६५ हजार कणसे / हेक्टर हिरवा चारा ३५ ते ४० टन/हेक्टर	संमिश्र, खरीप, रब्बी, उन्हाळी हंगामाचे
प्रिया	६५ ते ७५	६० ते ६५ हजार कणसे / हेक्टर हिरवा चारा ३५ ते ४० टन/हेक्टर	संमिश्र, खरीप, रब्बी, उन्हाळी हंगामाचे
विन ऑरेंज	६५ ते ७५	६० ते ६५ हजार कणसे / हेक्टर हिरवा चारा ३५ ते ४० टन/हेक्टर	संमिश्र, खरीप, रब्बी, उन्हाळी हंगामाचे
पॉपकॉर्न	६५ ते ७५	६० ते ६५ हजार कणसे / हेक्टर हिरवा चारा ३५ ते ४० टन/हेक्टर	संमिश्र, खरीप, रब्बी, उन्हाळी हंगामाचे
स्वीट १६	७० ते ७५	६० ते ६५ हजार कणसे / हेक्टर हिरवा चारा ३५ ते ४० टन/हेक्टर	कणीस गोड, नामदेव उमाजी कंपनीचे संमिश्र वाण

वाणाचे नाव	कालावधी (दिवस)	उत्पन्न (क्विंटल / हेक्टर)	वैशिष्ट्ये
अंबर पॉपकॉर्न	९० ते १००	२५ ते ३० क्विंटल	संमिश्र, खरीप, रब्बी, उन्हाळी हंगामाचे
जवाहर पॉपकॉर्न १	६५ ते ७५	२५ ते ३० क्विंटल	संमिश्र, खरीप, रब्बी, उन्हाळी हंगामाचे
एचएससी १	६५ ते ७५		संकरित वाण

बेबी कॉर्न

वाणाचे नाव	कालावधी (दिवस)	उत्पन्न (क्विंटल / हेक्टर)	वैशिष्ट्ये
एचएच ४	७० ते ७५	कणसे १५ ते २० हि. चारा ३०० ते ३५०	संकरित वाण
व्हीएल बेबीकॉर्न १			
व्हीएल ७८			

वरी / वरई

वाणाचे नाव	कालावधी (दिवस)	उत्पन्न (क्विंटल / हेक्टर)	वैशिष्ट्ये
फुले एकादशी	१२० ते १३०	१० ते १२	सुधारित वाण, महाराष्ट्र राज्यासाठी शिफारस, उशिरा पक्व होणारा गरवा वाण, मध्यम वाढ, न लोळणारा, कणसे लांब, खाली वाकलेली जात; प्रथिने, पिष्टमय - स्निग्ध - तंतुमय पदार्थ, खनिजे व लोहाचे प्रमाण गहू व भातापेक्षा अधिक.

गहू

वाणाचे नाव	कालावधी (दिवस)	उत्पन्न (क्विंटल / हेक्टर)	वैशिष्ट्ये
एचडी २७८१ (आदित्य)	१०० ते ११०	१६ ते १८	कोरडवाहू, २००२मध्ये प्रसारित झालेला सरबती वाण
एकेडीडब्ल्यू २९९७-१६ (शरद)	११० ते ११५	१२ ते १८	कोरडवाहू, २००५मध्ये प्रसारित सरबती वाण, एमएसीएस १९६७पेक्षा जास्त उत्पन्न, तांबेरा रोगास प्रतिकारक्षमता
डब्ल्यूएसएम १४७२ (पीडीकेव्ही वाशीम)	१०० ते ११०	१४ ते १५	कोरडवाहू सरबती वाण, वाशीम संशोधन संस्थेतर्फे प्रसारित
एन ५९	११५ ते १२०	८ ते १०	कोरडवाहू, बन्सी वाण
एमएसीएस १९६७	१०५ ते ११०	८ ते १०	कोरडवाहू, सरबती वाण
एनआय ५४३९-३४ (अजिंठा)	१०५ ते ११०	१२ ते १५	कोरडवाहू, सरबती, १९७५मध्ये प्रसारित
के ९६४४ (अटल)	११० ते ११५	११ ते १५	कोरडवाहू, सरबती, २०००मध्ये प्रसारित
एनआयएडब्ल्यू १९९४ (फुले समाधान)	११० ते १२०	४५	बागायती, सरबती, उशिरा पेरणीसाठी (१६ नोव्हेंबर ते १५ डिसेंबर) तसेच वेळेवर पेरणीसाठी (१ ते १५ नोव्हेंबर) योग्य वाण
एकेडब्ल्यू १०७१ (एचआय १५४४) (पूर्णा)	११० ते ११५	४० ते ५०	बागायती, सरबती, उशिरा पेरणीसाठी योग्य वाण, मध्यम ते भारी जमीन हवी.
एकेएडब्ल्यू ३७२२ (विमल)	१०५ ते ११०	३० ते ३५	बागायती, सरबती, वेळेवर पेरणीसाठी योग्य वाण, दाणे पिवळसर
एचडी २१८९	११० ते १२०	३५ ते ४५	बागायती, सरबती, बुटके, जाड दाण्याचं, फुटवे कमी असणारं, वेळेवर व उशिरा पेरणीयोग्य, तांबेरा प्रतिबंधक वाण
एचडी २३८०	१०५ ते ११०	३० ते ३५	बागायती, बुटके, तांबेरा प्रतिबंधक वाण
एमएसीएस २८४६	११० ते ११५	३० ते ३५	बागायती, बुटके, तांबेरा प्रतिबंधक, निर्यातक्षम वाण

वाणाचे नाव	कालावधी (दिवस)	उत्पन्न (क्विंटल / हेक्टर)	वैशिष्ट्ये
एमएसीएस २४९६	१२५ ते १३०	३५ ते ४०	बागायती, बुटका, तांबेरा प्रतिबंधक वाण, जास्त फुटवे, वेळेवर पेरणीस योग्य
एकेएडब्ल्यू ४२१०-६	९६ ते १००	४२ ते ४४	बागायती, उशिरा पेरण्यायोग्य, पूर्वप्रसारित
राज ४०३७	११० ते १२०	४१ ते ५०	दाण्याचा रंग अंबर, तांबेरा रोगास प्रतिकारक, पक्वतेवेळी ओंबी मळकट पांढरी, बागायती वाण
एकेएडब्ल्यू ४६२७	९२ ते ९६	४२ ते ४४	बागायती, उशिरा पेरणीयोग्य वाण
एनआयएडब्ल्यू ३४ (निफाड)	१०० ते १०५	३५ ते ४०	बागायती, उशिरा पेरणीसाठी सरबती वाण
एकेएडब्ल्यू ३८१	९० ते ९५	२५ ते ३०	बागायती, सरबती, उशिरा पेरणीसाठी योग्य
एचआय ९७७	१०० ते १०५	२५ ते ३०	
एचडी २५०१	१०५ ते ११०	२५ ते ३०	
एनआयएडब्ल्यू १४१५ (नेत्रावती)	११० ते १२०	१८ ते २०	कमी पाण्यात येणारे सरबती वाण (२०१०)
एमएसीएस १९६९	१०५ ते ११०	१० ते १२	बन्सी वाण (१९६७)
एनआयएडब्ल्यू १५ (पंचवटी)	११५ ते १२०	१२ ते १५	कोरडवाहू बन्सी वाण (२००२/२००५)
एनआयएडब्ल्यू ३०१ (त्र्यंबक)	११५ ते १२०	३५ ते ४५	बागायती, वेळेवर पेरणीयोग्य, तांबेरा रोगासाठी प्रतिकारक्षमता असलेले, सरबती वाण
एनआयएडब्ल्यू ९१७ (तपोवन)	११५ ते १२०	४० ते ४५	बन्सी वाण, उशिरा पेरणीसाठी, तांबेरा रोगास प्रतिकारक्षमता, त्र्यंबक, एचडी २१८९, राज ४०३७ पेक्षा जास्त उत्पन्न देणारे बागायती वाण
एमएसीएस ६२२२	१०२ ते १०८	४८९	बागायती, सरबती वाण, तांबेरा प्रतिकारक, दाणा मध्यम व आकर्षक

वाणाचे नाव	कालावधी (दिवस)	उत्पन्न (क्विंटल / हेक्टर)	वैशिष्ट्ये
एनआयएडब्ल्यू २९५ (गोदावरी)	११५ ते १२०	३८ ते ४१	बन्सी वाण, त्र्यंबकपेक्षा जास्त उत्पन्न देणारे, तांबेरा रोग प्रतिकारक, वेळेवर पेरणीसाठी वाण
एनआयएडब्ल्यू ३४	११५ ते १२०	३५ ते ४०	बागायती, उशिरा पेरणीसाठी योग्य वाण
एचडी २९८७ (पुसा बहार)	११५ ते १२०	२५ ते ३०	सरबती, पाणी कमी असेल तरी येणारा वाण
एचडी २८३३	११५ ते १२०		बागायती, उशिरा पेरणीसाठी वाण
पीबीएन १४२ (कैलास)	११५ ते १२०	३२ ते ३५	बागायतीसाठी, उशिरा पेरणी (डिसेंबरपर्यंत), इतरांपेक्षा उत्पन्न जास्त
परभणी ५१	१२० ते १२५	३८ ते ४०	जास्त फुटवे, दाणे पिवळे व मध्यम आकाराचे, चपाती उत्तम, तांबेरा प्रतिकारक
डीडीडब्ल्यू ४८		७२ ते ७५	बागायती वाण, वेळेवर पेरणीसाठी १२.१ टक्के प्रथिने, तांबेरा रोग प्रतिकारक, चौधरी चरणसिंह कृषी विश्वविद्यालय हिस्सार संशोधन
एचआय १६३३		७५	उशिरा पेरणीसाठी, बागायती वाण, वेळेवर पेरणीसाठी १२.१ टक्के प्रथिने, तांबेरा रोग प्रतिकारक, चौधरी चरणसिंह कृषी विश्वविद्यालय हिस्सार संशोधन
एनआयडीडब्ल्यू ११४९		७५	बागायती वाण, वेळेवर पेरणीसाठी, १२.१ टक्के प्रथिने, तांबेरा रोग प्रतिकारक, चौधरी चरणसिंह कृषी विश्वविद्यालय हिस्सार संशोधन
एमएसीएस ६४४८	११०	१८ ते २५	सरबती वाण, संशोधित वाण आघारकर संशोधन संस्था, पुणे
कुदरत ९	१२०	३०	कोरडवाहू व मर्यादित सिंचनासाठी
एमएसीएस २४४८		७५	बागायती, उशिरा पेरणीसाठी वाण

वाणाचे नाव	कालावधी (दिवस)	उत्पन्न (क्विंटल / हेक्टर)	वैशिष्ट्ये
एमएसीएस ४०२८	१०० ते १०५	१८ ते २०	बन्सी गहू, कोरडवाहू, प्रथिने १४.७ टक्के, जास्त ४४, पीपीएम व लोह ४२.८ पीपीएम प्रति किलो, साठे संशोधित (२०१८)
एनपी २००	१०५ ते ११०		खपली गहू, तांबेरा रोगास प्रतिकारक्षमता
डीडीके १००१	१०५ ते ११०	५७	खपली गहू, निमबुटका, तांबेरा प्रतिबंधक
डीडीके १००९	१०५ ते ११०	५० ते ६०	खपली गहू, निमबुटका, तांबेरा प्रतिबंधक
डीडीके १०२५	१०५ ते ११०	४० ते ५०	खपली गहू, निमबुटका, प्रथिने १३ टक्के
डीडीके १०२९	१०५ ते ११०	४५ ते ६०	खपली गहू, निमबुटका, प्रथिने १३ टक्के
एचआय १४१८ (नवीन चंदोसी)	११० ते १२०	४५ ते ५०	वेळेवर, उशिरा व अतिउशिरा पेरणीसाठी योग्य, तांबेरा रोगास प्रतिकारक
जीडब्ल्यू ४९६	९३ ते ११३	४५	दाणा टणक, पिवळसर
एमएसीएस २९७१	११० ते ११५	४५ ते ६०	खपली संशोधित वाण, आघारकर संशोधन संस्था, पुणे (२००९)
एचडब्ल्यू १०९८	१०५ ते ११०	४५ ते ६०	तांबेरा प्रतिबंधक, खपली वाण, प्रथिने १३.५ टक्के,
लोक १	१२० ते १२५	३४ ते ३६	प्रचलित सरबती वाण, लालसर टपोरे दाणे, तांबेरा रोगास बळी पडतो. लागवड करू नये. चपाती बनवण्यास उत्तम
राज ४०८३	११० ते ११५	४० ते ४५	बागायती वाण, उशिरा पेरणीसाठी
राज १५५५		४० ते ४५	निर्यातक्षम गहू वाण
एनआयएडब्ल्यू १४५५		४० ते ४५	बागायती वाण, उशिरा पेरणीसाठी
एचआय ८४९८ (माळवा शक्ती)	११५ ते १२०	४६ ते ५१	वेळेवर व भारी जमिनीत बागायतयोग्य, आकर्षक, पिवळसर व टणक दाणे, तांबेरा प्रतिकारक

वाणाचे नाव	कालावधी (दिवस)	उत्पन्न (क्विंटल / हेक्टर)	वैशिष्ट्ये
एचआय ८६६३ (पोषण)	११५ ते १२०	५० ते ५५	उज्जैन कृषीविज्ञान केंद्र संशोधित वाण, सरबती गहू, ओलितासाठी, न लोळणारे, चपाती, रवा बनवण्यास उपयुक्त, उच्च पोषणमूल्य व प्रथिने जास्त असल्याने पास्ता बनवण्यास उपयुक्त
एनआय ९७७			बागायतीसाठी, उशिरा पेरणीसाठी योग्य
एमएसीएस ९			बन्सी वाण, पुरणपोळीसाठी उत्तम
एमएसीएस ३१२५	११५	४५ ते ५०	ड्युरम, सरळ वाण, पिवळसर चमकदार दाणे
सोनालिका			तांबेरा रोगास बळी पडतो, लागवड करू नये.
एकेएडब्ल्यू ४६२७	९५	४२	
यूएस ४२८	१०८	४८	पोळी एकदम मऊ, गोड, ८३ सेंमी उंच, ओंबी घट्ट, दाणे रंग अंबर
एनबीएमजी			जपान व भारतीय गव्हाचा संकर करून काळ्या गव्हाचे संशोधित वाण. डॉ. मोनिका गर्ग, शास्त्रज्ञ, गहू गेरवा संशोधन केंद्र, महाबळेश्वर येथे गणेश जांभळे यांच्या शेतावर प्रयोग.

इतर काही वाण

- कुदरत १७ (१२५ ते १३०), कुदरत १, जीडब्ल्यू ३२२, एमएसीएस ६२७३, जीडब्ल्यू ३२२
- **बन्सी गहू :** एचडी ४५०२, चंदोशी (सिहोर)
- खिरी साटम (खरीप गहू)
- **सरबती वाण :** एचडी २३८०, एचडी २२७८, कादवा (स्थानिक)

तेलबिया पिके

गळीत धान्य वा तेलबिया पिकांमध्ये भुईमूग या महत्त्वाच्या पिकाचे महाराष्ट्रातील खरिपातील क्षेत्र सध्या २.३६ लाख हेक्टर असून, त्यापासून २.१७ लाख टन उत्पादन मिळते व उत्पादकता १,३७४ क्विंटल/ हेक्टर आहे.

महाराष्ट्रात शेतकरी भुईमुगाशिवाय कारळे, सोयाबीन, सूर्यफूल, तीळ, करडी, जवस, मोहरी, एरंडी ही पिके घेतात. महाराष्ट्रात खरीप हंगामात सध्या तिळाखाली ५२,६०० हेक्टर क्षेत्र आहे. त्यापासून १८,९०० टन इतके उत्पादन मिळते व उत्पादकता ३६० किलो प्रति हेक्टर आहे. रब्बी हंगामातील क्षेत्र २,९०० हेक्टर, ८०० टन उत्पादन व २८५ क्विंटल/हेक्टर इतकी उत्पादकता आहे. तीळ हे पीक ८५ ते ९० दिवसांत येत असल्याने दुबार पीक पद्धतीने ते घेता येते.

तेलबियांचे पीक शेतकऱ्याला घेणे नेहमीच परवडते. कारण त्याला चांगली बाजारपेठ उपलब्ध आहे. आर्थिक उत्पन्न चांगले मिळते. शिवाय, या पिकांमुळे जमिनीची उत्पादकताही वाढते.

भुईमूग

वाणाचे नाव	कालावधी (दिवस)	उत्पन्न (क्विंटल / हेक्टर)	वैशिष्ट्ये
टीएजी २४	खरीप १०० ते १०५ रब्बी ११० ते ११५ उन्हाळी १३० ते १३५	१२ ते १५ २० ते २५ २२ ते २४	१९९२मध्ये प्रसारित वाण, उपटी जात, रब्बी व उन्हाळी हंगामात उपयुक्त, सुप्तावस्था नाही, संपूर्ण महाराष्ट्रासाठी जास्तीत जास्त उत्पन्न ७० क्विंटल/ हेक्टर
कोपरगाव १	खरीप १२० ते १२५	८ ते १०	कोपरगावहून प्रसारित निमपसरी जात, स्थानिक जातीतून निवड, तेल ४८ टक्के

वाणाचे नाव	कालावधी (दिवस)	उत्पन्न (क्विंटल / हेक्टर)	वैशिष्ट्ये
टीजी २६	खरीप ९५ ते १०० उन्हाळी ११० ते ११५	१६ ते २२ २५ ते ३२ (जास्तीत जास्त ७०)	संपूर्ण महाराष्ट्रासाठी प्रसारित (१९९६), उपटी जात, खरीप व उन्हाळी हंगामासाठी, सुप्तावस्था १२ ते १५ दिवस
एसबी ११	खरीप १०० ते १०५ उन्हाळी १२० ते १२५	१२ ते १४ १६ ते १८ (जास्तीत जास्त ३५)	खरीप व उन्हाळी वाण, संपूर्ण महाराष्ट्रासाठी १९६५मध्ये प्रसारित, उपटी जात, सुप्तावस्था नाही, तेलाचे प्रमाण ४८.२२ टक्के
जेएल २४ (फुले प्रगती)	खरीप ९० ते ९५	१८ ते २० (जास्तीत जास्त ४०)	१९७९मध्ये संपूर्ण महाराष्ट्रासाठी प्रसारित, उपटी जात, खरिपासाठी व उन्हाळी शिफारस, बियाण्यास सुप्तावस्था नाही, तेल ५० टक्के
एके १५९	१०५ ते ११०	२० ते २२ (जास्तीत जास्त ४०)	२००२मध्ये प्रसारित, खरीप वाण, बियाण्यास सुप्तावस्था नाही.
एके २६५	१२० ते १३०	२० ते २२ (जास्तीत जास्त ४५)	२००७मध्ये प्रसारित, खरिपासाठी वाण, सुप्तावस्था आहे, मान्सूनपूर्व पेरण्यासाठी शिफारस
एके ३०३	१२० ते १२५	२० ते २२ (जास्तीत जास्त ४५)	२००९मध्ये प्रसारित, दाणा टपोरा, सुप्तावस्था आहे.
जेएल ७७६ (फुले भारती)	११५ ते १२०	३० ते ३५	२०१७मध्ये उत्तर महाराष्ट्रासाठी अ‍ॅग्रिस्कोची मंजुरी, उपटी जात, खरीप व उन्हाळी हंगामात लावता येते.
पीडीकेव्हीजी २३५ (फुले भूरत्न)	–	–	२०१७मध्ये अ‍ॅग्रिस्कोची मंजुरी, उपटी जात
टीपीजी ४१	११५ ते १३०	२५ ते ३०	ट्रॉम्बे संशोधित, उपटी जात, टीकेजी १९पेक्षा २६ टक्के व बी९५ पेक्षा २३ टक्के जास्त उत्पन्न, उन्हाळी वाण, जाड दाणे, सुप्तावस्था २५ दिवस
टीजी ३७ ए	११० ते ११५	१९ ते २०	उन्हाळी व उपटी जात, दोन दाणी शेंग, तेल अधिक प्रमाणात

वाणाचे नाव	कालावधी (दिवस)	उत्पन्न (क्विंटल / हेक्टर)	वैशिष्ट्ये
जेएल २२० (फुले व्यास)	९० ते ९५	२० ते २५	उपटी, खरीप, जाड दाणे असलेले वाण, जळगाव, धुळे, अकोला जिल्ह्यासाठी शिफारस
जेएल २८६ (फुले उनप)	९० ते ९५	२० ते २५	उपटी जात, खरीप, उन्हाळी हंगामात शिफारस, जळगाव, धुळे, अकोला व पश्चिम महाराष्ट्रसाठी
फुले आरएचआर जी ६०२१	१२० ते १२५	३० ते ३५	निमपसरी, उन्हाळी जात, पश्चिम महाराष्ट्रासाठी शिफारस
फुले उन्नती	खरीप ९९ ते १०९ उन्हाळी ११० ते ११५	खरीप १५ ते २५ उन्हाळी २५ ते ३५	उपटी जात, खरीप व उन्हाळी हंगामात पेरणीची शिफारस, संपूर्ण महाराष्ट्रासाठी
एलजीएन १	१०५ ते ११०	खरीप १६ ते १८ उन्हाळी १३ ते २०	लातूर केंद्र संशोधित, उपटी जात, लवकर पक्व होणारी, खरीप, रब्बी व उन्हाळी हंगामात पेरता येते, पाण्याचा ताण सहन करते.
टीएलजी ४५	११५ ते १२०	खरीप १५ ते १८ उन्हाळी २० ते २५	खरीप, रब्बी, उन्हाळी हंगामासाठी शिफारस, ट्रॉम्बे केंद्र संशोधित वाण, उपटी, टपोरे दाणे, निर्यातक्षम जात
एलजीएन १२३	११५ ते ११८	२०	लातूर केंद्र संशोधित, उपटी, खरीप हंगामात पेरणीयोग्य वाण
केडीजी १२८ (फुले वारणा)	—	३० ते ३२	निमपसरी जात
टीएमव्ही १०	१२५ ते १३०	खरीप १७ ते २०	खरीप हंगामाची, निमपसरी, तमिळनाडू जात, तेलाचे प्रमाण ५१ टक्के
आयसीपीएस ११	१२५ ते १३०	३२ ते ३६	जास्त उत्पन्न देणारी जात, निमपसरी, हैदराबाद येथून प्रसारित
गिरनार १	११५ ते १२०	रब्बी १८ ते २०	उपटी जात, संकरित, जळगावहून प्रसारित, तेलाचे प्रमाण ४८.५ टक्के

वाणाचे नाव	कालावधी (दिवस)	उत्पन्न (क्विंटल / हेक्टर)	वैशिष्ट्ये
कराड ४ ते ११	१४५ ते १५०	९ ते १०	स्थानिक जातीतून निवडलेली, पसरी जात, कराडहून प्रसारित, ४८ टक्के तेल
एम १३	११५ ते १३०	खरीप १६ ते १७ उन्हाळी २० ते २५	खरीप व उन्हाळी हंगामात पेरता येते. पसरी जात, डिग्रज येथून प्रसारित, ४९ टक्के तेल
जीपीबीडी ४	१०५ ते ११०	२५ ते ३०	धारवाड कृषी विद्यापीठ संशोधित वाण, टिक्का, करपा रोग प्रतिकारक्षमता, फुले प्रगती (जेएल २४) पेक्षा १८ टक्के जास्त उत्पादन, ४९ टक्के तेल, ओलिक-लिनोलिक आम्ल प्रमाण जास्त
जीजी २०	१०९	–	दोन दाण्याच्या मध्यम आकाराच्या शेंगा
वेस्टर्न २०	–	–	खासगी कंपनी, निमपसरे वाण
वेस्टर्न ४४	–	–	खासगी कंपनीचे, उपटी व उन्हाळी वाण
वेस्टर्न ५१	–	–	खासगी कंपनीचे, उपटी व उन्हाळी वाण
एचबी ५५	–	–	उपटी व उन्हाळी जात
जेएल ५०१	खरीप ९९ ते १०० उन्हाळी ११० ते ११५	खरीप १६ ते १८ उन्हाळी ३० ते ३२	उपटी, जळगाव केंद्र संशोधित वाण, खरीप / उन्हाळी राहुरी कृषी विद्यापीठाचे वाण, सर्व जिल्ह्यांसाठी
धीरज १०१	–	–	धीरजलाल प्रगतिशील शेतकऱ्याचे (गुजरात) संशोधित वाण
एलजीएन २ (मांजरा)	११८ ते १२०	खरीप १८ ते २० उन्हाळी ३० ते ३५	निमपसरा, खरीप व उन्हाळी, लवकर पेरले तर दुबार पीक शक्य
कोपरगाव ३	९० ते ४५	८ ते १०	स्थानिक जातीतून निवडलेली, उपटी जात, तेल ४७ टक्के

इतर काही वाण

बीपीएमआर १४५, आयसीजीएस १०, आयसीजीएस ८६५९०, टीजी २१, टीजी ५१, टीजी ५२६, टीजी १९, टीएमव्ही २, टीएमव्ही ७, व्हीआर १, व्हीआर २, व्हीआर ३, सीओ २, बीएसबी १

सोयाबीन

वाणाचे नाव	कालावधी (दिवस)	उत्पन्न (क्विंटल / हेक्टर)	वैशिष्ट्ये
जेएस ३३५ (जवाहर सोयाबीन)	९५ ते १००	२२ ते ३०	सुधारित वाण, जवाहरलाल नेहरू कृषी विद्यापीठ जबलपूर संशोधित वाण १९९३मध्ये प्रसारित, १९ ते २० टक्के तेल, पक्वतेनंतर ५ ते ७ दिवस झाले तरी शेंगा फुटत नाहीत, आंतरपिकास योग्य
एनआरसी ३७ (अहिल्या ४)	९५ ते १००	२५ ते ३०	२००१मध्ये प्रसारित सुधारित वाण, दाणे पांढरे, १९ ते १९.५ टक्के तेल
जेएस ९३ ते ०५	९० ते ९५	२३ ते २५	२००२मध्ये प्रसारित सुधारित वाण, दाणे जांभळे, १८ ते १९ टक्के तेल
टीएएमएस ९८ ते २१	९९ ते १०७	१९ ते २५	२००४मध्ये प्रसारित सुधारित वाण, जांभळे दाणे, ओलितासाठी शिफारस
एमएसीएस ११८८	१०१ ते ११०	२५ ते ३०	सुधारित वाण, उंच, फुले पांढरी, पिवळा दाणा, चारकोल रॉटला अंशतः प्रतिकारक
डीएस २२८ (फुले कल्याणी)	१०० ते १०५	२० ते २५	सुधारित वाण (उत्तम), मध्यम आकाराचे दाणे, तेल १७ ते २५ टक्के
केएस १०३		२५ ते २७	सुधारित वाण
केडीएस ३४४ (फुले अग्रणी)	१०० ते १०५	२५ ते ३०	सुधारित वाण, तांबेरा रोगास प्रतिकारक
केडीएस ७२६ (फुले संगम)	—	२० ते २५	सुधारित वाण
एमएसीएस ५३२	१०५ ते ११०	२५ ते ३०	—
एमएयूएस १ (प्रसाद)	१०५ ते ११०	२५ ते ३०	फुले जांभळी, दाणे टपोरे गुलाबी, पक्वतेनंतर १२ ते १५ दिवस उशीर झाला तरी शेंगा फुटत नाहीत. तुरीमध्ये योग्य आंतरपीक

वाणाचे नाव	कालावधी (दिवस)	उत्पन्न (क्विंटल / हेक्टर)	वैशिष्ट्ये
एमएयूएस ४७ (परभणी सोना)	८० ते ८५	२० ते २५	झाडावर पिंगट लव असून शेंगांचा रंग गडद तपकिरी होतो. पक्वतेनंतर लवकर कापणी केली नाही तर शेंगा फुटतात, आंतरपिकास योग्य
एमएयूएस ६१ (प्रतिकार)	९५ ते १००	२५ ते ३०	दाणा टपोरा, सुधारित वाण, पक्वतेनंतर ८ ते १० दिवस शेंगा फुटत नाहीत. तुरीमध्ये योग्य आंतरपीक
एमएयूएस ७१ (समृद्धी)	९३ ते ९६	२८ ते ३०	पक्वतेनंतर १० ते १२ दिवस शेंगा फुटत नाहीत. हार्वेस्टरने काढण्यायोग्य, १० ते २० टक्के तेल, उत्तम वाण, आंतरपिकास उपयुक्त
एमएयूएस ८१ (शक्ती)	९७ ते ९८	२५ ते ३०	जांभळा टपोरा दाणा, पक्वतेनंतर १० ते १२ दिवस शेंगा फुटत नाहीत. आंतरपिकास योग्य
डीएस २२८	–	२४ ते २५	कृषी संशोधन केंद्र, डिग्रज, जि. सांगली संशोधित, जेएस ३५५पेक्षा २३ टक्के व पीके १०२९ पेक्षा १६ टक्के जास्त उत्पादन, तांबेरा प्रतिबंधक वाण
एमएयूएस १५८	९५ ते ९८	२७ ते ३८	फुले जांभळी, दाणा टपोरा आणि जांभळा, १० ते १२ दिवस शेंगा फुटत नाहीत, २००९मध्ये प्रसारित, खोडमाशीस प्रतिबंधक, एमएयूएस ७१, ८१ पेक्षा १० टक्के जास्त उत्पादन, उत्तम वाण, आंतरपिकास योग्य
एमएयूएस ६१ ते २ (प्रतिष्ठा)	१०० ते ११०	२५ ते ३०	दाणा टपोरा, ८ ते १० दिवस उशीर झाला तरी शेंगा फुटत नाहीत. तांबेरास मध्यम प्रतिकारक, आंतरपिकासाठी योग्य वाण

वाणाचे नाव	कालावधी (दिवस)	उत्पन्न (क्विंटल / हेक्टर)	वैशिष्ट्ये
एमएयूएस १६२	१०० ते १०३	२८ ते ३०	२०१२मध्ये प्रसारित, मध्यम उशिरा मुदतीत पक्वता, यंत्राद्वारे काढणीयोग्य, १० ते १२ दिवस काढणीस उशीर झाला तरी शेंगा फुटत नाहीत. उत्तम वाण, जांभळे दाणे
एमएयूएस ६१२	९५ ते १००	३२ ते ३६	लवकर पक्व होतो, शेंगा फुटत नाहीत, चक्री भुंगा ते खोडमाशी या रोगांना सहनशील, उत्तम वाण
सुवर्ण वसुंधरा	—	—	एशियन व्हेजिटेबल रिसर्च डेव्हलपमेंट कार्पोरेशन (AVROC), इक्रिसॅट, पाटनचेरू, आंध्र प्रदेशद्वारा संशोधित
जेएस २० ते २९	९० ते ९५	२५ ते ३०	परभणी विद्यापीठ संशोधन २०१४चे प्रसारित वाण, लवकर पक्व होणारे, रोगप्रतिकारक्षम, पांढरे दाणे
जेएस २० ते ३५	९३ ते ९६	२५ ते ३०	२०१४मध्ये प्रसारित वाण, पांढरे दाणे
जेएस ९७ ते ५२	९० ते १०५	२८ ते ३२	२००८मध्ये प्रसारित, हार्वेस्टरने काढण्यायोग्य, लवकर पक्व होणारे वाण, ११८ ते ११९ टक्के तेल, पांढरे दाणे
एमएसीएस ११८८	१०० ते १०५	२५ ते ३०	विज्ञानवर्धिनी, पुणे प्रसारित वाण
एमएसीएस १२८१	९१ ते १००	२५ ते ३२	विज्ञानवर्धिनी, पुणे प्रसारित, लवकर पक्व होणारे वाण
जेएस ९७ ते ५२	१०० ते १०२	१२ ते १६	जबलपूर विद्यापीठ प्रसारित ५०० शेंगा प्रति झाड असणारे वाण
पंढरीनाथ १ व २	—	—	पंढरीनाथ लोखंडे, मध्य प्रदेश संशोधित खासगी वाण

वाणाचे नाव	कालावधी (दिवस)	उत्पन्न (क्विंटल / हेक्टर)	वैशिष्ट्ये
एमएससीएस १२४	–		विज्ञानवर्धिनी, पुणे संशोधित वाण
एमएससीएस १३			
एमएससीएस ५७	–	४५ ते ५०	
एमएससीएस ५८			
एमएस्यूएस ७०	–	–	परभणी विद्यापीठ संशोधित वाण
जेएस ८० ते २१	–	–	तांबेरा प्रतिबंधक
एनआरसी ३७	११०	१७	सोयाबीन संचालनालय, इंदौर प्रसारित
इतर काही वाण			

इतर काही वाण

एमएससीएस ४५०, जेएस ९५ ते ६०, पीके १०२९, अकोला समृद्धी, पीके १०२४, मोनेटा, एमसीए ४५०, टीएस ९८ ते २१, शक्तिप्रसाद

मोहरी

वाणाचे नाव	कालावधी (दिवस)	उत्पन्न (क्विंटल / हेक्टर)	वैशिष्ट्ये
पुसा बोल्ड	९८ ते ११०	८ ते १० (को) १२ ते १५ (बा)	सुधारित, तेलाचे प्रमाण ३४ ते ४० टक्के
एसीएन १ (शताब्दी)	९५ ते १०५	८ ते १२	सुधारित, तेलाचे प्रमाण ३२ ते ४० टक्के
सीता	–	८ ते १२	सुधारित वाण, तेलाचे प्रमाण ३८ टक्के
एनयूडीएच ४५६	–	८ ते १२	धारा तेल कंपनीचे वाण, सिंगल झिरो तेल ५ टक्के, उत्पन्न जास्त (कडवटपणाविरहित)

८ ते १२ क्विंटल प्रति हेक्टर उत्पन्न असणारे वाण

एसीएस १, वरुण, सौरभ

वाणाचे नाव	कालावधी (दिवस)	उत्पन्न (क्विंटल / हेक्टर)	वैशिष्ट्ये
एकेएस २०७	१२५ ते १३०	१४ ते २०	सुधारित, कोरडवाहूसाठी वाण, दाणे पांढरे, फुलावर येण्याचा कालावधी ७० ते ७५ दिवस
भीमा	१३० ते १३५	१४ ते १६	सुधारित, कोरडवाहूसाठी योग्य वाण, दाणा मध्यम पसरट, संपूर्ण महाराष्ट्रासाठी
नारी ६ (बिनकाटेरी)	१२५ ते १३०	१४ ते १५	सुधारित, बिनकाटेरी, तेल ३० टक्के, पाकळ्या गोळा करण्यास सुलभ, ठिपके रोगास प्रतिकारक, मावा कमी प्रादुर्भाव
एकेएस ३११ (पीकेव्ही ते पिंक)	१३० ते १३५	१५ ते २१ जास्तीत जास्त २५	अकोला विद्यापीठाचे वाण, तेलाचे प्रमाण ३२ टक्के, सुधारित, काटेरी वाण
एनएच १२ (नारी)	१२५ ते १३०	१५ ते १९	संकरित, बिनकाटेरी, पाकळ्या गोळा करण्यास सुलभ, बागायतीस योग्य
जेएलएसएफ ४१४ (फुले कुसुम)	१२५ ते १४०	१२ ते १५ (को) २० ते २५ (बा)	सरळ, सुधारित, कोरडवाहू व बागायतीसाठी शिफारस वाण, तेल २९ टक्के, काटेरी, दाणे पांढरट पिवळे
एसएसएफ ६५८	११५ ते १२०	१२ ते १५	सरळ, सुधारित, बिनकाटेरी वाण, भारतीय स्तरावर योग्यतेसाठी मान्यता
एसएसएफ ७०८	११५ ते १२०	१३ ते १५ (को) २० ते २२ (बा)	राहुरी विद्यापीठाचे कोरडवाहू व बागायती लागवडीसाठी सरळ वाण
फुले करडई ७३३	१२० ते १२५	१३ ते १५	सरळ, कोरडवाहूसाठीचे वाण
एसएसएफ ७४८ (फुले चंद्रभागा)	१३० ते १४०	१२ ते १५ (को) २० ते २२ (बा)	सरळ, कोरडवाहू व बागायतीसाठी
पीबीएनएस १२ (परभणी कुसुम)	१३५ ते १३७	१२ ते १५ (को) २० ते २२ (बा)	सुधारित वाण, कोरडवाहू व बागायती, मावा - मर - ठिपके रोगास कमी बळी, दाणे टपोरे, तेल २९ टक्के, मराठवाड्यासाठी शिफारस

वाणाचे नाव	कालावधी (दिवस)	उत्पन्न (क्विंटल / हेक्टर)	वैशिष्ट्ये
बीएसएफ १६८ ते ४ (शारदा)	१२७	१६ ते १८	सुधारित, कोरडवाहू वाण, जास्त फांद्या, फुले पिवळसर लाल, तेल ३० टक्के
अनोगिरी १	१३०	१४ ते १६	मावा किडीस अंशतः प्रतिकारक्षम, तेलाचे प्रमाण २९ टक्के
जेएलएसएफ ४१४	१३५	२० ते २२ (बा)	तेलाचे प्रमाण २९ टक्के
पीबीएनएस ४० (परभणी ४०)	१२०	१५ ते १६ (को) २० ते २२ (बा)	बिनकाटेरी, कोरडवाहू व बागायतीसाठी, पानांवर ठिपके रोगास सहनशील, पाकळ्यांचे प्रमाण १९५ किलो/हेक्टर
पीबीएनएस ८६ (पूर्णा) (परभणी ८६)	१३५ ते १३८	१८ ते २०	काटेरी, मराठवाड्यासाठी उत्तम, मावा, मर, ठिपके रोगास सहनशील, तेल ३० टक्के
डीएसएच १२९	१३०	१६ ते १८	संकरित वाण, मर रोगास सहनशील, तेलाचे प्रमाण ३१ टक्के
एमकेएच ११	१३०	१६ ते १८	संकरित वाण, फुलाचा रंग पांढरा, तेलाचे प्रमाण ३१ टक्के, करडई संशोधन केंद्र प्रकल्प, कृषक भवन, सोलापूर
शारदा	१२५ ते १३०	१६ ते १८	मराठवाडा विभागास योग्य
एमआरएसए ५२१			संकरित काटेरी वाण
गिरणा	१३० ते १३५	१५ ते १९	खानदेश प्रदेशासाठी योग्य

इतर काही वाण

पीकेव्ही हरिता (एकेजी ९३०२ ते २), तारा, एनआरएसए ५२१, पीएच ६, सीओ १ (बिनकाटेरी), एकेएस २१७, एकेएस ३१, जेएसएफ ७७३, जेएसएफ ९७

सूर्यफूल

वाणाचे नाव	कालावधी (दिवस)	उत्पन्न (क्विंटल / हेक्टर)	वैशिष्ट्ये
मॉडर्न	७५ ते ८५	७ ते ८	सरळ, लवकर पक्व होणारे, कोरडवाहू, बुटके वाण, दुबार पीक घेता येते, तेलाचे प्रमाण ३५ टक्के
पीकेव्हीएसएफ ९	८० ते ८५	८ ते १२	अकोला विद्यापीठ संशोधित सरळ, लवकर पक्व होणारे, दुबार पीक घेण्यायोग्य वाण
पीकेव्हीएसएच २७	८० ते ८५	१३ ते १६	संकरित, लवकर पक्व होणारे, ३६-३७ टक्के तेल, जास्त उत्पन्न देणारे वाण
पीकेव्हीएसएच ९५२	९० ते ९५	१५ ते १८	अकोला विद्यापीठाचे पूर्वप्रसारित संकरित वाण, दुबार पीक घेण्यायोग्य
टीएएस ८२	९० ते ९५	१२ ते १४	लवकर पक्व होणारे, जास्त उत्पन्न देणारे, दुबार पीक घेण्यायोग्य वाण
केबीएसएच ४४	९० ते ९५	१४ ते १६	संकरित तेलाचे प्रमाण ३५ ते ३८ टक्के
एलएसएफएच ३५	८० ते ९५	१६ ते २०	लातूर संशोधन केंद्राचे संकरित, कोरडवाहू वाण, तेलाचे प्रमाण ३७ ते ३९ टक्के, केवडा प्रतिकारक
एलएसएफएच ०८	८५ ते ९०	१२ ते १४	लातूर संशोधन केंद्राचे सुधारित, कोरडवाहू वाण, तेलाचे प्रमाण ३६-३७ टक्के, केवडा प्रतिकारक
एलएस ८	९० ते ९५	१३ ते १५	लातूर संशोधन केंद्राचे सरळ वाण, तेलाचे प्रमाण ३८ टक्के
एलएस ११	८० ते ८५	१२ ते १४	लातूर संशोधित सरळ वाण, केवडा प्रतिकारक, तेल ३६ टक्के
एलएसएफएच १७१	९० ते १००	को १६ ते १८ बा २१ ते २३	लातूर संशोधन केंद्राचे संकरित, कोरडवाहू व बागायतीयोग्य वाण, केवडा प्रतिकारक, तेलाचे प्रमाण ३४-३५ टक्के, खरीप ते रब्बी ते उन्हाळीसाठी

वाणाचे नाव	कालावधी (दिवस)	उत्पन्न (क्विंटल / हेक्टर)	वैशिष्ट्ये
एलडीएमआरएसएच १	८५ ते ९०	१० ते १२	खरीप
एलडीएमआरएसएच ३	९५ ते १००	१० ते १४	खरीप
टीएनएयू सनफ्लॉवर	९० ते ९५	८ ते ९	तमिळनाडू कृषी विद्यापीठाचे वाण
एमएसएफएच ८	९५ ते १००	१० ते १४	खरीप वाण
केबीएसएच १	९० ते ९५	१५ ते २०	खरिपाचे संकरित भाग, तेलाचे प्रमाण जास्त, केवडा प्रतिकारक, कोरडवाहू व बागायतीसाठी
डीआरएसएच १	९२ ते ९८	१५ ते १८	संकरित, तेलाचे प्रमाण ४० ते ४२ टक्के
फुले भास्कर	८० ते ९५	१० ते १८	सुधारित, टपोरे दाण्याचे, राहुरी विद्यापीठाचे वाण, अवर्षण भागासाठी शिफारस असलेले, ३६ ते ३७ टक्के तेल असणारे वाण, फुले जमिनीकडे झुकलेली, पक्ष्यांचा त्रास कमी
इसी ६८४१५	१०० ते ११०	१० ते १२	सुधारित, खरिपात उशिरा पेरणीचे शिफारस असणारे वाण
एसएस ५६	८० ते ८५	१० ते १५	सुधारित वाण, अवर्षणग्रस्त व उशिरा पेरणीयोग्य, आंतरपीक घेण्यायोग्य वाण
एसएस २०३८ (भानू)	८५ ते ९५	१२ ते १६	सर्व क्षेत्रासाठी, सरळ वाण, तेल ३७ ते ३८ टक्के, कोरडवाहू वाण
फुले रविराज	९० ते ९५	१२ ते २०	राहुरी विद्यापीठाचे संकरित, केवडा व तांबेरा प्रतिबंधक, तेल ३४-३५ टक्के असणारे, बड नेक्रॉसीस रोग प्रतिकारक
सूर्या	९० ते ९५	८ ते ९	–
सिद्धेश्वर	८० ते ९०	१० ते १२	–
डीआरएसएच १	९२ ते ९८	१५ ते १७	संकरित वाण

इतर काही वाण

एनएसएफ १००, एसएस ०८०८, एनएसएफ १७१

वाणाचे नाव	कालावधी (दिवस)	उत्पन्न (क्विंटल / हेक्टर)	वैशिष्ट्ये
एनएल ९७	११५ ते १२०	७ ते ८	अकोला कृषी विद्यापीठाचे वाण, निळे फूल, तेलाचे प्रमाण ४२ टक्के, मर - गादमाशी - भुरी - अल्टरनेरिया रोग प्रतिकारक
पीकेव्हीएनएल २६०	१०५ ते ११४	११ ते १२	अकोला कृषी विद्यापीठ वाण, पूर्वप्रसारित वाण, निळे फूल, तेलाचे प्रमाण ४३ टक्के
एनएल १४२	११६ ते १२०	१५ ते १६	अकोला कृषी विद्यापीठ वाण, बागायतीसाठी, निळे फूल, तेल ४३ टक्के, मर - भुरी - गादमाशी प्रतिकारक्षम
एस ३६	११५ ते १२०	४ ते ५	तेलाचे प्रमाण ३४ टक्के
आरएलसी ४ (जगदंबा)	१०० ते १०५	६ ते ८	कोरडवाहू, तेलाचे प्रमाण ४६ टक्के
लातूर जवस नं. १३	९० ते ९५	७ ते ८	फुलाचा रंग पांढरा, कोरडवाहू, भुरी - करपा - मर - तांबेरा रोगास सहनशील, तेलाचे प्रमाण ३९ टक्के
एनएल ११७	–	–	कोरडवाहू, अकोला विद्यापीठ संशोधित
एनएल १६५	–	–	अकोला कृषी विद्यापीठ संशोधित
एआरसीपी ८ ते २ ते २	–	–	ॲग्रिस्कोची मंजुरी
टीएल ९९	–	–	आयसीएआर, दिल्लीचे संशोधित वाण
आर ५५२	११५ ते १२०	९ ते ९.५	निळे फूल, मर - गेरवा - भुरी रोग प्रतिकारक्षम, तेल ४४ टक्के

एरंडी

वाणाचे नाव	कालावधी (दिवस)	उत्पन्न (क्विंटल / हेक्टर)	वैशिष्ट्ये
एकेसी १	–	१२	सुधारित, मध्यम उंची असणारे वाण
ज्वाला (४८ ते १)	१६०	१० (को) १६ ते १८ (बा)	सरळ, कोरडवाहू शिफारसीचे वाण, मर रोगास सहनशील
डीसीएम १ (ज्योती)	१३५ ते १४०	१५ ते २८	सुधारित, कोरडवाहूचे वाण, मर रोग प्रतिकारक, पाणी ताण सहन करते.
जीसीएच ४	–	१२ (को) २२ (बा)	संकरित वाण, मूळकुजव्या ते मर रोगास प्रतिकारशक्ती
जीसीएच ५ (एसएचबी १४५)	–	१७.५ (को) २८ ते २९ (बा)	संकरित, मररोग प्रतिकारक वाण, मूळकुजव्या रोगप्रतिकारक
डीसीएच ३२ (दिप्ती)	१७५ ते १८०	१८ (को) २३ ते २८ (बा)	संकरित, कोरडवाहू तसेच बागायत पेरणीची शिफारस, मर प्रतिबंधक
जीसीएच ६ (जेएचबी ६६५)	१८० ते २००	१३ ते १४ (को) २२ ते २३ (बा)	संकरित वाण, मूळकुजव्या, मर - पांढरी माशी - तुडतुडे - फूलमाळी - उंट अळी प्रतिकारक, कोरडवाहू व बागायतीस योग्य
डीसीएच १७७ (दीपक)	१७५ ते १८०	१५ (को) २० ते २५ (बा)	संकरित, पांढरी माशीस प्रतिकारक, मर रोगास मध्यम प्रतिकारक, मराठवाड्यासाठी
जीसीएच ५१९	१८० ते १९०	१३ ते १४ (को) २१ ते २७ (बा)	संकरित वाण, मर रोगास प्रतिकारशक्ती, कोरडवाहू व बागायतीसाठी शिफारस
जीसीएम ४ (क्रांती)	१६०	१४ ते १५	सरळ वाण, उंट अळी किडीस सहनशील, तेलाचे प्रमाण ५० टक्के
को १२	–	१२ (को) २२ (बा)	संकरित वाण, कोरडवाहू व बागायतीसाठी शिफारस
डीसीएस १	–	–	–

वाणाचे नाव	कालावधी (दिवस)	उत्पन्न (क्विंटल / हेक्टर)	वैशिष्ट्ये
एकेटी ६४	८४ ते ९०	५ ते ९	सुधारित, खरीप होण्यासाठी वाण, तेलाचे प्रमाण ४७-४८ टक्के
एन ८	१२०	४ ते ७	सुधारित, अर्धरब्बी हंगामासाठी वाण, तेलाचे प्रमाण ५० ते ५१ टक्के
एकेटी १०१	९० ते ९५	७ ते ८	सुधारित, उन्हाळी हंगामासाठी वाण, तेलाचे प्रमाण ४८-४९ टक्के
पीकेव्हीएनटी ११	९८ ते १०५	७ ते ८	सुधारित, उन्हाळी हंगामासाठी वाण, तेलाचे प्रमाण ४८.३ टक्के
जेएलटी ७ (तापी)	८० ते ९०	६ ते ७	सुधारित, लवकर तयार होणारे वाण, पांढरा दाणा, खानदेश - जालना - औरंगाबादसाठी शिफारस
जेएलटी २६	७२ ते ७८	६.५ ते ७.५	सुधारित, २०१०मध्ये प्रसारित, लवकर तयार होणारे, दाणा टपोरा, तेलाचे प्रमाण जास्त
जेएलटी ४०८	७५ ते ८५	६.५ ते ८	सुधारित, राहुरी विद्यापीठाचे २०१०मध्ये प्रसारित, तेल जास्त असणारे वाण
फुले १	९५ ते १००	५ ते ६	अधिक उत्पादकता, पांढरा टपोरा दाणा असणारे राहुरी विद्यापीठाचे वाण
एकेटी १	९० ते ९५	५ ते ६	अकोला विद्यापीठाचे वाण
एकेटी ६४	९० ते ९५	५ ते ६	अकोला विद्यापीठाचे, करपा - फायलोडी रोगास प्रतिकारक वाण
एचटी ९७१३			हरियाणा विद्यापीठाचे वाण
जेएलटी २६ (पद्मा)	७२ ते ७८	६.५ ते ७.५	फिकट तपकिरी दाणा, लवकर येणारा, दुबार पीक घेण्यायोग्य, जळगाव, धुळे, बुलढाणा, अकोला जिल्ह्यासाठी शिफारस

वाणाचे नाव	कालावधी (दिवस)	उत्पन्न (क्विंटल / हेक्टर)	वैशिष्ट्ये
पंजाब १	९० ते १००	५ ते ६	तेलाचे प्रमाण ५१ टक्के
दसरी १	८५ ते ९०	५ ते ६	खासगी कंपनीचे
इतर काही वाण जेएलटी १, एल ३८			

कारळे

वाणाचे नाव	कालावधी (दिवस)	उत्पन्न (क्विंटल / हेक्टर)	वैशिष्ट्ये
पीएनएस ६	९५ ते १००	६ ते ७	लवकर येणारा, अधिक उत्पादनक्षमता असणारा वाण, तेलाचे प्रमाणे ३७ टक्के
आयजीपी ७६ (परभणी)	१०५ ते ११०	५ ते ६	तेलाचे प्रमाण ३४ टक्के
एन १२ ते ३ सह्याद्री आरजीपीएन फुले कारळं	१०० ते ११०	४ ते ६	तेलाचे प्रमाण ३८ ते ४३ टक्के

■■■

कडधान्य पिके

कडधान्य पीक हे नैसर्गिक अद्भुत देणगी असून त्याचे अनन्यसाधारण महत्त्व आहे. डाळवर्गीय पिकांमध्ये मानवी शरीराच्या सामान्य वाढीसाठी लागणारी प्रथिने मिळतात, जनावराची उत्पादनक्षमता (त्यांचे दूध, मांस, मेहनत करणे) वाढते, जमिनीचा पोत व मगदूर सुधारतो, आणि उद्योगधंद्यांना लागणाऱ्या कच्च्या मालाचा पुरवठा होतो. असे विविध उपयोग कडधान्य पिकांमुळे होतात. तसेच, कडधान्य पिके शेतीची सुपीकता वाढवतात. त्यामुळे कडधान्यानंतर येणारे पीक चांगले दर्जेदार उत्पन्न देते, असे प्रयोगान्ती दिसून आले आहे.

डाळवर्गीय तूर, मूग, उडीद, हरभरा (चना), चवळी, कुलथी, राजमा, मटकी, मसूर, वाटाणा व पोपटवाल पिकांचे विशेष महत्त्व शाकाहारी मानवाकरिता आहे. भारतीय लोकांच्या आहारात सुमारे १० ते १५ टक्के प्रथिने व २० टक्के कार्बनयुक्त ऊर्जा ही कडधान्याद्वारे मिळते. कडधान्यांमध्ये प्रथिनांशिवाय कर्बोदके, खनिजे आणि जीवनसत्त्व यांचे प्रमाणसुद्धा चांगले आहे. शरीरास पचण्यास सुलभ असणारी प्रथिने, नायसिन व रिबोफ्लेवीन कडधान्यांत उपलब्ध असतात. तूर व मसूर यांमधील प्रथिने लहान मुलांना व वृद्धांना पचण्यास हलकी असतात. आहारात अमायनो आम्ले ही मूलभूत व अत्यंत आवश्यक असतात. त्याची उपलब्धता कडधान्यांतून होते.

कडधान्यांच्या कोवळ्या, हिरव्या शेंगांचा उपयोग भाजी म्हणून केला जातो, तसेच जनावरांना आहार म्हणूनही ही कडधान्ये उपयुक्त आहेत.

वाणाचे नाव	कालावधी (दिवस)	उत्पन्न (क्विंटल / हेक्टर)	वैशिष्ट्ये
टीएटी १०	१०० ते १०५	१२ ते १५	१९८५मध्ये प्रसारित, अति लवकर पक्व होणारे, पहिला बहार घेऊन दुबार पीक घेण्यायोग्य, कोरडवाहूस योग्य वाण, लाल - मध्यम दाणे
आयसीपीएल ८७	१२५ ते १३५	१२ ते १५	मर्यादित वाढ, झुपक्याने शेंगा, १९८६मध्ये प्रसारित, दुबार पिकासाठी योग्य वाण, तांबडे दाणे, महाराष्ट्रासाठी
एकेटी ८८११	१५५ ते १६५	१५ ते १६	अकोला विद्यापीठाचे २०००मध्ये प्रसारित संकरित वाण, सलग तसेच दुबार पिकासाठी, मर रोग प्रतिबंधक
एकेपीएचएम ११३०३	१६० ते १६४	२४ ते २५	संकरित, बागायती, पूर्वप्रसारित वाण, मर रोग प्रतिकारक, लाल दाणे
बीडीएन २ (बदनापूर २)	१६० ते १७५	१४ ते १५	बदनापूर संशोधन केंद्र प्रसारित (१९८२), निमगरवा, पांढरे दाणे, भारी व हलक्या जमीनयोग्य, आंतरपीक घेता येते, डाळीसाठी चांगला
पीकेव्ही तारा (पीकेव्हीटीएटी ९६२९)	१७० ते १८०	१६ ते २०	अकोला विद्यापीठ प्रसारित (२००९), मर - वांझ रोगास प्रतिकारक, डाळीकरिता उत्तम, दाणा जाड आणि लाल, मध्यम ते भारी जमीन हवी, पाणी हवे
बीएसएमआर ८५३ (वैशाली)	१३० ते १४०	१४ ते १६ (को) १८ ते ३० (बा)	बदनापूर संशोधन केंद्र प्रसारित (२००६), मध्यम आकाराचे पांढरे दाणे, सलग व आंतरपिकासाठी योग्य, मर - वांझ प्रतिकारक, हलकी ते मध्यम जमीन चांगली

वाणाचे नाव	कालावधी (दिवस)	उत्पन्न (क्विंटल / हेक्टर)	वैशिष्ट्ये
बीएसएमआर ७३६	१८० ते १८५	१४ ते १६ (को) १८ ते २० (बा)	१९९५मध्ये प्रसारित, हिरव्या शेंगा, मध्यम आकाराचे लाल दाणे, गरवा वाण, मर - वांझ रोगप्रतिकारक, सलग आंतरपिकास योग्य, खरीप - रब्बी लागवडीस योग्य
सी ७३६	१८० ते २००	१० ते १२	१९८२मध्ये प्रसारित, मर प्रतिबंधक, भारी जमीन योग्य, आंतरपिकासाठी योग्य
आयसीपीएल ८७११९ (आशा)	१८० ते २१०	१२ ते २०	१९९२मध्ये प्रसारित, दाणे लाल, उशिरा पक्व होते, मर - वंध्यत्वास मध्यम प्रतिकारक, भारी जमिनीस तसेच अर्धरब्बीस योग्य
विपुला	१५० ते १६०	१४ ते १६ सलग २६ क्विंटल	राहुरी विद्यापीठ प्रसारित (२००६), सलग आंतरपिकास योग्य, मध्यम लाल दाणे, मर - वांझ रोगास मध्यम प्रतिकारक
फुले राजेश्वरी (राजेश्री)	१३० ते ४०	१४ ते १६	राहुरी विद्यापीठ प्रसारित (२०१२), तांबडे टपोरे दाणे, मर-वांझ प्रतिकारक, लवकर पक्व होते.
बीडीएस ७०८ (अमोल)	१४० ते १५८	१६ ते २२	२००६मध्ये प्रसारित, निमगरवा, दाणे पांढरे टपोरे, सलग आंतरपिकास योग्य वाण, कमी पाऊस चालतो, मर - वांझ रोग प्रतिकारक
बीडीएन ७११ (बीडीएन २००४-३)	१५० ते १६०	१६ ते १८	२०११मध्ये प्रसारित, निमपसरट वाढीचा, टपोरे पांढरे दाणे, कोरडवाहूसाठी योग्य, कमी कालावधीचा, मर - वांझ प्रतिकारक, बीएसएमआर ८५३ पेक्षा २० दिवस लवकर येणारे
बीडीएन ७१६	१६५ ते १७०	१८ ते २२	२०१६मध्ये प्रसारित, उत्तम डाळ, मर - वांझ प्रतिकारक, डाळ उत्तम शिजते, खरीपयोग्य, लाल रंगाचा दाणा

वाणाचे नाव	कालावधी (दिवस)	उत्पन्न (क्विंटल / हेक्टर)	वैशिष्ट्ये
आयसीपी ८८६३ (मारुती)	१६५ ते १७५	१८ ते २०	मर - वांझ रोगास बळी पडते. दाणे लालसर मध्यम, अयोग्य वाण
रिचा	–	–	२०००मध्ये प्रसारित
बदनापूर २	१६० ते १६५	१४ ते १६	मर रोग प्रतिकारक, आंतरपिकास योग्य, पांढरे दाणे
कुदरत ३ (विश्वनाथ)	२३० ते २३५	३५	–
आयसीपीएच २६७१	–	–	संकरित वाण
बीडीएन १	१५५ ते १६५	१४ ते १६	मर रोग प्रतिकारक, आंतरपिकास योग्य, तांबडे टपोरे दाणे
टी विशाखा १	१३५ ते १४०	१५ ते १६	सलग व दुबार पिकासाठी योग्य
बीएसएमआर १७५	१६० ते १७०	१५ ते १६	वांझ - मर रोग प्रतिकारक, पांढरे दाणे
टीटी ६	१३५ ते १४०	१५ ते १६	रुचकर, वरणाकरिता चांगले वाण

इतर काही वाण

पीटी ९२३०, बीडीएन ११, बीडीएन १६

वाणाचे नाव	कालावधी (दिवस)	उत्पन्न (क्विंटल / हेक्टर)	वैशिष्ट्ये
कोपरगाव १	६५ ते ७०	९ ते १०	१९८२मध्ये प्रसारित, हिरवे चमकदार, टपोरे दाणे, भुरी - करपा रोगास बळी पडण्याचे प्रमाण जास्त
टीएआरएम २	६८ ते ७०	१० ते १२	१९०० मध्ये प्रसारित, पूर्व विदर्भासाठी रब्बीत शिफारस, भुरी रोगप्रतिकारक
टीएआरएम १८	६८ ते ७०	१० ते १२	१९९४मध्ये प्रसारित, पूर्व विदर्भात रब्बीसाठी शिफारस
पीकेव्ही ग्रीन गोल्ड (एकेएम ९९११)	६४ ते ७५	१० ते १२	२००७मध्ये अकोला विद्यापीठ प्रसारित, मध्यम जाड दाणे, एकाच वेळी पक्व होणारे वाण, भुरी रोगास साधारण प्रतिकारशक्ती, विदर्भासाठी शिफारस
पीकेव्ही मूग ८८०२	६० ते ६५	१० ते १२	२००० मध्ये अकोला विद्यापीठाचे प्रसारित वाण, एकाच वेळी पक्व होणारे, भुरी रोगास साधारण प्रतिकारशक्ती असणारे, चमकदार हिरवे टपोरे दाणे
पुसा वैशाखी	६० ते ६५	६ ते ७	१९७१मध्ये प्रसारित वाण, खरीप व उन्हाळी हंगामाचे, भुरकट हिरवे दाणे
वैभव	७० ते ७५	१४ ते १५	२००१मध्ये प्रसारित, एकाच वेळी पक्व होणारे, सर्व कीड-रोग प्रतिकारक्षम
पीकेव्हीएकेएम ४	६५ ते ७०	१२ ते १५	२००९मध्ये प्रसारित, एकाच वेळी पक्व होणारे, सर्व कीड-रोग प्रतिकारक्षम
पीकेव्ही २००३-२ (व्हीएम २००३-२)	६५ ते ७०	८ ते १०	२०१०मध्ये प्रसारित, लाल शेंगा, टपोरे दाणे, भुरी रोग प्रतिबंधक वाण, महाराष्ट्रासाठी शिफारस
बीएम २००२-०१	६५ ते ७०	७ ते ९	२००५मध्ये प्रसारित, लांब शेंगा, टपोरे हिरवे दाणे, एकाच वेळी काढणीस येणारे, भुरी रोगप्रतिकारक

वाणाचे नाव	कालावधी (दिवस)	उत्पन्न (क्विंटल / हेक्टर)	वैशिष्ट्ये
उत्कर्षा (संशोधित वाण)	६५ ते ७५	१२ ते १५	२०००मध्ये प्रसारित, संशोधित वाण, टपोरे हिरवे दाणे, अधिक उत्पादन, महाराष्ट्रासाठी शिफारस, एकाच वेळी पक्व, काढणीस सोपा
बीएम ४	६० ते ६५	१० ते १२	१९९१मध्ये प्रसारित, खरीप - उन्हाळी हंगामाचे, हिरवे दाणे मध्यम आकाराचे व विषाणूजन्य, भुरी रोगप्रतिकारक
बीपीएमआर १४५	६५ ते ७०	१० ते १४	२००१मध्ये प्रसारित, लांब शेंगा, टपोरे दाणे, मध्यम आकार, रोगप्रतिकारक वाण, महाराष्ट्रासाठी, २० टक्के प्रथिने
एकेएम ८००२	६० ते ६५	१० ते १२	टपोरे दाणे
फुले एम १३३१ (वैभव)	७० ते ७५	१४ ते १५	राहुरी विद्यापीठाचे, अधिक उत्पन्नाचे रोगप्रतिकारक वाण
फुले एम २	६५ ते ७०	१० ते १२	राहुरी विद्यापीठ प्रसारित वाण, खरीप व उन्हाळी हंगामास योग्य
एमएच २२१	६०	१० ते १२	हरियाणा कृषी विद्यापीठ प्रसारित वाण
एस ८	९ ते १०	–	–
यूएच ०४-०६	५८ ते ६०		हरियाणा कृषी विद्यापीठ प्रसारित, आकर्षक दाणे, कमी कालावधीचे, अधिक उत्पन्नाचे वाण
उन्नती (संशोधित वाण)	६० ते ६५	१० ते १२	चमकदार आकर्षक दाणा, भुरी रोग प्रतिकारक्षम
एफपी ५२९	हरियाणा विद्यापीठ प्रसारित, केवडा - लाईट रोग प्रतिकारक		
एचआर ४	हरियाणा विद्यापीठ प्रसारित, मर रोग प्रतिकारशक्तीचे वाण		

इतर काही वाण

टीआरएम २, टीआरएम १८, जळगाव ७८१, टी ४४, जे ७८१, फुले एम ९३३९

वाणाचे नाव	कालावधी (दिवस)	उत्पन्न (क्विंटल / हेक्टर)	वैशिष्ट्ये
बीडीयू १	७० ते ८०	१० ते १२	२००१मध्ये प्रसारित, शेंगकाठी चोपडी, टपोरे दाणे, भुरी रोगप्रतिकारक, महाराष्ट्रासाठी शिफारस
टीएयू १	६५ ते ८०	१० ते १२	२०००मध्ये प्रसारित, टपोरे दाणे, एकाच वेळी पक्व होते, भुरी रोगप्रतिबंधक, विदर्भासाठी, १९-२० टक्के अधिक उत्पादन देणारे, अकोला व ट्राँबे प्रसारित
टीएयू २	७० ते ७५	१० ते १२	१९९३मध्ये प्रसारित, भारी जमिनीत चांगले येते, पिवळा विषाणू, भुरी रोग प्रतिकारक, टपोरे दाणे, विदर्भासाठी
पीकेव्ही उडीद १५ (एकेयू १५)	८० ते ८५	१० ते १२	२००५मध्ये प्रसारित, रोगप्रतिकारक, एकाच वेळी पक्व होते, सुधारित, विदर्भासाठी
टीपीयू ४	६५ ते ७०	१० ते १२	१९९२मध्ये प्रसारित, टपोरे काळे दाणे, एकाच वेळी पक्व होते, महाराष्ट्र - मध्य प्रदेश - गुजरातसाठी
एकेयू ४ (मेळघाट)	८० ते १००	१० ते १२	१९९४मध्ये प्रसारित, रब्बी हंगामासाठी योग्य टपोरे दाणे, विदर्भासाठी
टी ९	६५ ते ७०	८ ते ९	१९७८मध्ये खरीप - रब्बी - उन्हाळी हंगामासाठी, पूर्व विदर्भासाठी प्रसारित
एकेयू १०-१	७५ ते ८०	१६ ते १८	२०१२मध्ये प्रसारित, उत्पन्न अधिक
विजय	६३ ते ६८	१२ ते १५	महाबीजचे संशोधित वाण, चमकदार मोठे दाणे

इतर काही वाण
सिंदखेडा, बीडीएन १

वाणाचे नाव	कालावधी (दिवस)	उत्पन्न (क्विंटल / हेक्टर)	वैशिष्ट्ये
आयसीसीव्ही २ (श्वेता)	९० ते १००	१० ते १२ (को) २० ते २२ (बा)	१९९२मध्ये प्रसारित काबुली वाण, लवकर तयार होणारे, मध्यम आकाराचे दाणे, मर रोग प्रतिकारक
फुले जी ८१-१-१ (विजय)	८५ ते ९० (को) १०५ ते ११० (बा)	१२ ते १४ (को) २० ते २३ (बा)	१९९३मध्ये प्रसारित, कोरडवावाहू व बागायतीसाठी देशी वाण, दाणे पिवळसर करडे व बारीक, उशिरा पेरता येते, मर रोग प्रतिकारक वाण
एकेजीएस १ (हिरवा चाफा)	१०० ते ११०	१२ ते १४ (को) २० ते २२ (बा)	१९९४मध्ये प्रसारित, मर प्रतिबंधक, कोरडवाहू व बागायतीसाठी, उशिरा पेरता येते, हिरवे दाणे, पुलाव-उसळीसाठी योग्य, वाळल्यावरही दाणे हिरवे राहतात.
एकेजी ९३०३-१२ (पीकेव्ही हरिता)	१०५ ते ११०	१२ ते १८ (को) २० ते २२ (बा)	२०१०मध्ये प्रसारित, कोरडवाहू व बागायतीसाठी योग्य, पाणी ताण सहनशील, हिरवे दाणे, देशी वाण, वाळल्यावरही दाणे हिरवे राहतात.
जाकी ९२१८	१०५ ते ११०	१५ ते २० (को) ३५ ते ४० (बा)	२००५मध्ये प्रसारित, दाणे पिवळसर करडे, देशी, शून्य मशागतीस योग्य, मर रोग प्रतिकारक, बागायती
साकी ९५१६ (एजी १६)	१०५ ते ११०	१६ ते ८२०	२००२मध्ये प्रसारित, दाणे पिवळसर करडे, फुटाणे करण्यास उपयुक्त, मर रोग प्रतिकारक
गुलक १ (गुलाबी)	११५ ते १२५	२० ते २२	टपोरे दाणे, काबुली वाण, फुटाण्यासाठी उपयुक्त
पीकेव्ही २ (काबुली २) (काक २)	१०० ते १०५	२० ते २५ (बा)	२०००मध्ये प्रसारित, टपोरे, काबुली जाड दाणे, पांढरे, बाजारभाव जास्त

वाणाचे नाव	कालावधी (दिवस)	उत्पन्न (क्विंटल / हेक्टर)	वैशिष्ट्ये
पीकेव्ही ४	१०० ते ११०	१५ ते १८	२००८मध्ये प्रसारित, मध्यम - टपोरे - पांढरे दाणे, काबुली वाण, मर रोगास साधारण प्रतिकारक, बाजारभाव अधिक
बीडीएन ९-३	१०० ते १०५	१० ते ११ (को) १८ ते २० (बा)	देशी वाण, लवकर तयार होणारा, पाणी ताण सहनशील, दाणा बारीक, मर रोग प्रतिकारक, बाजारभाव अधिक
बीडीएनजी ७९७ (आकाश)	१०५ ते ११०	१५ ते १६ (को) १८ ते २५ (बा)	कोरडवाहू व बागायतीसाठी, पिवळसर टपोरे दाणे, अवर्षण सहनशील, मर रोग प्रतिकारक
फुले जी १२ (विकास)	१०५ ते ११५	१० ते १२ (को) २० ते २५ (बा)	देशी वाण, दाणे मध्यम आकाराचे, आकर्षक पिवळे, मर रोग प्रतिकारक
फुले जी ५ (विश्वास)	१२० ते १२५	१२ ते १४ (को) २० ते २२ (बा)	पाणी ताण सहनशील, मर रोग प्रतिकारक, कोरडवाहू व बागायती वाण, घाटे लांब मोठे, हिरवा हरभरा (टहाळ) म्हणून चांगला
फुले जी ८७२०७ (विशाल)	११० ते ११५	१५ ते २० (को) ३० ते ३५ (बा)	कोरडवाहू व बागायती, भाव चांगला, आकर्षक भाव, पिवळे टपोरे दाणे, मर रोग प्रतिकारक, देशी - जाड वाण
दिग्विजय	९० ते ९५ (को) १०५ ते ११० (बा)	१८ ते २० (को) ३५ ते ४० (बा)	कोरडवाहू व बागायती, पिवळसर तांबूस दाणे, टपोरे, मर रोग प्रतिकारक, उशिरा पेरता येते, देशी वाण, विजय - विशालपेक्षा सरस
फुले विक्रम	१०५ ते ११५	१६ ते १८ (को) ३५ ते ४० (बा)	उंची जास्त, कंबाईन हार्वेस्टरने काढता येते, २०१६मध्ये प्रसारित, दोन फूट उंची, देशी, कोरडवाहू व बागायती वाण, मर रोग प्रतिकारक, उशिरा पेरता येते.
फुले जी ९४४१८ (विराट)	११० ते ११५	१६ ते २० (को) २५ ते ३० (बा)	काबुली वाण, अधिक टपोरे दाणे, मर रोग प्रतिकारक, कोरडवाहू व बागायती

वाणाचे नाव	कालावधी (दिवस)	उत्पन्न (क्विंटल / हेक्टर)	वैशिष्ट्ये
कृपा	१०५ ते ११०	३० ते ३२	काबुली, जास्त टपोरे पांढऱ्या रंगाचे दाणे, सर्वाधिक बाजारभाव
बीडीएनजीके ७९८	११० ते ११५	१८ ते २०	बेस्ट वाण, विराटपेक्षा १५.१८ टक्के, काक २ पेक्षा २४ टक्के, पीकेव्ही ४ पेक्षा ४४.९३ टक्के, कपापेक्षा ४२.११ टक्के जास्त उत्पादन देणारे, मर रोग सहनशील, उत्तम वाव
डी ८	१३५ ते १४५	१५ ते १६	फुटाण्यासाठी उत्तम वाण
विहार	११० ते ११५	३० ते ३२	मर रोग प्रतिकारक
एकेजी ४६	१०० ते १०५	१५ ते १६ (को) २५ ते ३० (बा)	—
मेक्सीकन डॉलर	—	—	काबुली वाण, इंदोर (मध्य प्रदेश) येथील वाण
राजविजय २०३	१०० ते १०५	२० ते २२	अतिलवकर येणारे वाण, उशिरा पेरता येते, मर रोगप्रतिबंधक, रूट रॉट रोग प्रतिकारक्षम
आयसीसीसी ३७	९० ते १००	१६ ते २०	लवकर येणारे, घाटे अळीस सहनशील, मर रोग प्रतिकारक
राजविजय २०२	१०० ते १०५	२० ते २२	उशिरा पेरणीस उपयुक्त, मर रोग प्रतिकारक, मूळकूज - कॉलररॉट प्रतिकारक्षम

इतर काही वाण

बीडीएनजीके २०६, कुदरत गोल्ड, आयसीसीयू १० (काक), जेएल ११, सुशील लक्ष्मी, बीडीएनजीके २०६

२०१७ ॲग्रेस्को मंजुरी : पीडीकेव्हीजेएल ७७६ (फुले भारती), पीडीकेव्ही ३३५, कोकण भूरत्न

चवळी

वाणाचे नाव	कालावधी (दिवस)	उत्पन्न (क्विंटल / हेक्टर)	वैशिष्ट्ये
कोकण सदाबहार (व्हीसीएम ८)	६० ते ६५	१२ ते १५	१९९६मध्ये प्रसारित, वर्षभर लावता येते, लवकर पक्व होणारे, मध्यम आकाराचे दाणे, महाराष्ट्रासाठी शिफारस
कोकण सफेद	७० ते ७५	१४ ते १६	१९९९मध्ये प्रसारित, टपोरे सफेद दाणे, महाराष्ट्रासाठी शिफारस
फुले पंढरी	७० ते ७५	१४ ते १६	२००७मध्ये प्रसारित, दाणे तांबड्या मध्यम आकाराचे, महाराष्ट्रासाठी
फुले विठाई	–	१८ ते २०	२०१५मध्ये प्रसारित वाण, पांढरे मध्यम आकाराचे दाणे, महाराष्ट्रासाठी शिफारस
व्ही १६	७० ते ७५	६ ते ७	आयसीएआर दिल्लीचे वाण, दाणा लाल
आरसी १९	६० ते ६५	८ ते ९	राजस्थानी, लवकर येणारी अधिक उत्पन्न देणारी जात
सी १५२	९५ ते १००	८ ते ९	दाणा बारीक व लाल रंगाचा, आयसीएसआर दिल्ली संशोधित वाण
फुले बर्टी १ (केओपीबीएम ४६)		–	२०१७मध्ये ॲग्रेस्कोची मंजुरी
पुसा फाल्गुनी	५५ ते ६०	८ ते १०	आयसीएआर, दिल्लीचे वाण
पुसा बासमती	४५	–	आयसीएआर, दिल्लीचे वाण
पुसा कोमल	–	१० ते ११	–
एस २८८	६० ते ७०	–	–
अर्का गरिमा	–	१२ ते १५	–
कोकणवाली	–	६० ते ७०	ओली हिरवी शेंग
ऋतुराज	–	–	तिन्ही हंगामात येते.
एनएल ३६७	–	–	ॲग्रेस्को मंजुरी
इतर काही वाण : फुले दोफसली, व्हीएसएम ८			

कुलथी

वाणाचे नाव	कालावधी (दिवस)	उत्पन्न (क्विंटल / हेक्टर)	वैशिष्ट्ये
के ४२ (माण)	११० ते १३०	६ ते ८	राहुरी विद्यापीठ प्रसारित (१९८६), उभट वाढ असणारे, गर्द लालसर, सुधारित वाण
डी ४०-१ (सीता)	१२० ते १३०	६ ते ८	राहुरी विद्यापीठ प्रसारित (१९९४), फिकट तपकिरी पिवळ्या रंगाचे दाणे, विषाणू रोग प्रतिकारक, महाराष्ट्रात योग्य
फुले सकस	९० ते ९५	९ ते १२	२०१५मध्ये प्रसारित, लवकर पक्व होणारे, तांबूस रंगाचे दाणे, पश्चिम महाराष्ट्रासाठी शिफारस

राजमा

वाणाचे नाव	कालावधी (दिवस)	उत्पन्न (क्विंटल / हेक्टर)	वैशिष्ट्ये
पीडीआर १४	८५ ते ९०	११ ते १२	कानपूर संशोधित, लाल दाण्यावर पांढरे ठिपके असणारे वाण
एचयूआर १५	८० ते ८५	११ ते १२	वाराणसीचे वाण, गुलाबी दाणे
एचयूआर १३७	८० ते ८५	१४ ते १५	वाराणसीचे वाण, गुलाबी दाणे
व्हीएल ६३	८४	१४ ते १५	आलमोडाची जात, दाणे फिकट लाल
एचपीआर ३५ (मुठा)	६५ ते ७५	१५ ते २०	१९९२मध्ये प्रसारित, लवकर तयार होणारे, तांबूस गुलाबी ठिपक्याचे दाणे
वरुण	६५ ते ७०	२० ते २५	अधिक उत्पन्न देणारे वाण (२००१)
फुले राजमा जीआरबी ९०२	६५ ते ७०	२० ते २५	२०१६मध्ये ॲग्रेस्को मंजुरीचे, राहुरीचे वाण
इतर काही वाण सुयश, वरुण ६			

मटकी

वाणाचे नाव	कालावधी (दिवस)	उत्पन्न (क्विंटल / हेक्टर)	वैशिष्ट्ये
एन ८८	१२०	४	नागपूर संशोधित वाण, दाणे जाड, भुरी रोगास बळी पडते.
एमबीएस २७	१२५ ते १३०	६ ते ७	राहुरी विद्यापीठाचे १९८९मध्ये प्रसारित वाण, भुरी रोग कमी येतो, केवडा प्रतिकारक

मसूर

वाणाचे नाव	कालावधी (दिवस)	उत्पन्न (क्विंटल / हेक्टर)	वैशिष्ट्ये
के ७५	१३५ ते १४०	१० ते १६	कानपूर संशोधित, जाड दाणे, गेरवा रोग प्रतिकारक वाण
एल ४०७६	१२३ ते १३०	१० ते १६	कानपूर संशोधित, जाड दाणे
सिहोर ७४-३	१२३ ते १३०	१२ ते १५	सिहोर संशोधित वाण, जाड दाणे

पोपटवाल

वाणाचे नाव	कालावधी (दिवस)	उत्पन्न (क्विंटल / हेक्टर)	वैशिष्ट्ये
एकेएलबी ९३०६	९० ते ९४	८ ते ९	अकोला विद्यापीठाचे वाण, पूर्व विदर्भात रब्बी लागवडीसाठी शिफारस

वाटाणा

वाणाचे नाव	कालावधी (दिवस)	उत्पन्न (क्विंटल / हेक्टर)	वैशिष्ट्ये
खापरखेडा	११०	१० ते १२	नागपूर संशोधित, रब्बी हंगामातील ओल्या शेंगांसाठी योग्य वाण
रचना	१२५ ते १३०	१५ ते २०	कानपूर संशोधित, गोल - गुळगुळीत - जाड दाणे
टी १६३	१०० ते ११०	८ ते ९	पांढरा दाणा
आर्केल	९५ ते १००	१० ते १२	हिरव्या शेंगांसाठी उत्तम
केपीएमआर १०	११५ ते १२०	१२ ते १४	भुरी रोगप्रतिकारक
बोनेव्हिला	८० ते ९०	४० ते ६० (हिरवे) १५ ते २० (वाळलेले)	मुख्य हंगामासाठी
जवाहर			
एफपी ५२९	–	–	केवडा, ब्लाइट रोगप्रतिकारक
पीएच १	८० ते ९०	४० ते ६० (हिरवे) १५ ते २० (वाळलेले)	–
जवाहर मोती २	–		उशिरा पक्व होणारे

इतर काही वाण
सिलेक्शन ८२, सिलेक्शन ९३, फुले प्रिया, अलास्का, परफेक्शन न्यू लाईन
लवकर पक्व होणाऱ्या जाती : असौजी, अर्ली सुपर्ब, लिट्ल मार्बेल
उशिरा पक्व होणाऱ्या जाती : एनपी २९, जवाहर मटर १

भाजीपाला पिके

शाकाहारी मानवाच्या आहारात भाजीपाल्याचे महत्त्व अनन्यसाधारण आहे. डाळ, भात, भाजी, पोळी किंवा भाकरी यांचा अंतर्भाव 'चतुरस्र आहार' म्हणून ओळखला जातो. जवळपास ५०पेक्षा अधिक महत्त्वाच्या भाजीपाला पिकांचे प्रमुख वाण, त्यांची वैशिष्ट्ये नमूद केल्या आहेत. प्रथिने, जीवनसत्त्वे, कर्बोदके व खनिजे यांनी समृद्ध असलेल्या भाजीपाल्याच्या सेवनाने सर्व वयोगटांतील मानवाच्या निरोगी व सर्वांगीण वाढीला व विकासाला मदत होते. त्यामुळे वैद्यकीय सल्लागारसुद्धा आहारात हिरव्या व अन्य भाजीपाला सेवनाचा सल्ला देतात.

शेतकऱ्यांनी आपल्या जमिनीची प्रत, पाण्याची उपलब्धता व विक्रीची सोय लक्षात घेऊन बाराही महिने अल्प व मध्यम मुदतीची भाजीपाला पिकांची निवड करावी. मुख्य पिकात आंतरपीक घेऊन आर्थिक उत्पन्न मिळवण्यासाठीही भाजीपाला पिकांची निवड करता येते.

महिनानिहाय भाजीपाला लागवड

महिना	भाजीपाला
जानेवारी	वांगी, मिरची, मुळा, टरबूज, खरबूज, फरसबी (श्रावणघेवडा), गाजर, भेंडी, कारले
फेब्रुवारी	पानकोबी, वांगी, मिरची, टोमॅटो, मुळा, दुधी भोपळा, कारले, खिरा, खरबूज, काकडी
मार्च	भेंडी, दुधी भोपळा, कारले, खरबूज, मुळा, तोरई, कांदा, काकडी, चवळी, मुळा
एप्रिल	मुळा, आले, टोमॅटो, भेंडी, काकडी, खिरा
मे	वांगी, चवळी, काकडी, दुधी भोपळा, सिमला मिरची, कारले
जून	मेथी, टोमॅटो, वांगी, मिरची, भेंडी, हळद, आले, दुधी भोपळा, कारले, टरबूज, दोडका, पानकोबी
जुलै	टोमॅटो, मिरची, पानकोबी, हळद, भेंडी, दुधी भोपळा, कारले, टरबूज, दोडका
ऑगस्ट	मुळा, गाजर, बटाटा, वाटाणा, दुधी भोपळा, कांदा, चवळी, कोथिंबीर

महिना	भाजीपाला
सप्टेंबर	मिरची, फूलकोबी, पानकोबी, लसूण, मुळा, बटाटा, गाजर
ऑक्टोबर	टोमॅटो, वांगे, मिरची, फूलकोबी, कांदा, लसूण, मुळा, कोथिंबीर, मेथी, बडीशेप
नोव्हेंबर	टोमॅटो, वांगी, पानकोबी, कांदा, मुळा, गाजर, कोथिंबीर, जिरा, मेथी
डिसेंबर	बटाटे, टरबूज, खरबूज, सिमला मिरची, वाटाणा, गाजर, मेथी, पालक

मिरची

वाणाचे नाव	कालावधी (दिवस)	उत्पन्न (क्विंटल / हेक्टर)	वैशिष्ट्ये
ज्वाला	५५ ते ६५	६ ते ८ (को., वाळलेली) ८ ते १५ (बा) १०० ते १२० (को. हिरवी) १५० ते २०० (बा. लाल)	हिरव्या मिरचीसाठी, निर्यातीला योग्य वाण, उन्हाळी हंगामात, एनपी ४६ए व पुरी रेड यांचा संकर केलेले वाण, हिरव्या मिरचीसाठी लागवड, लाल मिरची वाळवली तर पांढरी पडते, तिखटपणा जास्त असतो.
एनपी ४६ ए	१८० ते २००	वरच्याप्रमाणे	हिरवी मिरची, उन्हाळी हंगामास योग्य
फुले मुक्ता	१८० ते २००	१५० ते २००	—
पंत सी १	६० ते ६५	१२५ हिरवी	प्रक्रियेसाठी उपयुक्त, एनपी ४६ ए व स्थानिक वाणाच्या संकरातून निवडलेले वाण, मिरची झाडाला उलटी लागते, हिरव्या व लाल मिरचीसाठी, तिखटपणा जास्त
पंजाब लाल	१८० ते २००	६ ते ८ (को) ८ ते १५ (बा)	प्रक्रियेसाठी उपयुक्त
पुसा सदाबहार	१८० ते २००	६ ते ८ (को) ८ ते १५ (बा)	सॉससाठी उपयुक्त
सीए ९६० (सिंधुर)	१८० ते २००	६ ते ८ (को) ८ ते १५ (बा)	अकोला विद्यापीठाचे वाण, उत्पन्न व प्रत चांगली

वाणाचे नाव	कालावधी (दिवस)	उत्पन्न (क्विंटल / हेक्टर)	वैशिष्ट्ये
अग्निरेखा	१८० ते २००	२५ ते २६ (हि) ८ ते १० (वा)	राहुरी विद्यापीठाचे १९९२मध्ये प्रसारित वाण, भुरी रोगास प्रतिकारक, संकरित
परभणी तेजस	१८० ते २००	६ ते ८ (को) ८ ते १५ (बा)	परभणी विद्यापीठाचे वाण
फुले सूर्यमुखी	१८० ते २००	६ ते ८ (को) ८ ते १५ (बा)	राहुरी विद्यापीठाचे वाण
जी ३	१८० ते २००	६ ते ८ (को) ८ ते १५ (बा)	गुंटूर वाण, पिकलेल्या लाल मिरचीसाठी, सुधारित वाण
एक्स २३५ (क्रॉस २३५)	१८० ते २००	६ ते ८ (को) ८ ते १५ (बा)	अकोला विद्यापीठाचे वाण, पिकलेल्या लाल मिरचीसाठी योग्य
फुले ज्योती	१८० ते २००	१५० ते २०० (हि) २५ ते ३० (ला)	१९९५मध्ये राहुरी विद्यापीठ प्रसारित, फुलकिडे - पांढरी माशी प्रतिकारक, भुरी रोगास कमी बळी पडतो.
जयंती	२१५ ते २५५	२०० हिरवी	अकोला विद्यापीठाचे संशोधित वाण, फळ फिकट हिरवे, पिकल्यावर चमकदार लाल, निमपसरट वाण
अर्का लोहीत	१८० ते २००	६ ते ८ (को) ८ ते १५ (बा)	—
कोकण कीर्ती	१८० ते २००	१० ते १५	निर्यातीसाठी उपयुक्त वाण
मुसळवाडी सिलेक्शन	१८० ते २००	१२ ते १६	राहुरी विद्यापीठाचे वाण १९८८मध्ये प्रसारित, खरीप, रब्बी, उन्हाळी हंगामात घेता येते. भुरी - बोकड्या रोग प्रतिकारक
संकेश्वरी ३२	१८० ते २००	१२ ते १६	कोल्हापूरला प्रसिद्ध, निवड पद्धतीने विकसित, कोरडवाहूसाठी, लाल मिरचीसाठी लागवड, फळ आकर्षक - तांबडे; साठवणुकीला जास्त टिकत नाही
ब्याडगी	स्थानिक वाणातून निवडलेली, तांबड्या मिरचीसाठी, साठवणुकीत रंग टिकतो, फळे १०-१२ सेंमी लांब, तिखटपणा कमी		

वाणाचे नाव	कालावधी (दिवस)	उत्पन्न (क्विंटल / हेक्टर)	वैशिष्ट्ये
जी ४	१८० ते २००	१०० ते १५० (हि) ८ ते १० (वा)	सुधारित वाण
फुले सई	राहुरी विद्यापीठाचे वाण, वाळवल्यावर रंग गडद लाल होतो, तिखटपणा मध्यम, कीडरोग प्रतिकारक		
भूत जोलोकिया (तेजपूर मिरची)	२ ते ३ वर्षे	१०० ते १२०	जगातील सर्वांत तिखट मिरची म्हणून गिनिज बुक ऑफ रेकॉर्डमध्ये २००७मध्ये नोंद.
स्थानिक वाण			
धुळे - दोंडाइचा फाफडा, नगर - मुसळवाडी, बुलढाणा - मलकापुरी, नागपूर- भिवापुरी, सोलापूर - मोडनिंब, कोल्हापूर - धारवाडी लवंगी, अमरावती - अचलपूर			
इतर काही वाण			
अवसरी, पनवेल, कल्याणपूर चमन, कल्याणपूर सॉकट, कल्याणपूर टाईप, चंचल, जी ५, भाग्यलक्ष्मी, सोनेरी, थेनी, पटना रेड, लवंगी, पीडीकेव्ही हिरकणी			

सिमला मिरची (ढोबळी मिरची)

वाणाचे नाव	कालावधी (दिवस)	उत्पन्न (क्विंटल / हेक्टर)	वैशिष्ट्ये
कॅलिफोर्निया बिग वंडर	१४० ते १८०	१०० ते १५०	सुधारित वाण
चायनीज जायंट	१२५ ते १५०		
यलो वंडर		१०० ते १२५	सुधारित वाण
अर्का वसंत	१४० ते १४५	१५० ते २००	सुधारित वाण
संकरित केटी १ (पुसा देवी)	–	–	आयसीएआर, दिल्लीचे वाण
इतर काही वाण			
संकर भारत, लॉरिओ, अर्का मोहिनी, अर्का गौरव, ग्रीन गोल्ड, इंद्रा, बुलनोज, वर्ल्ड बीटर			
खासगी कंपनीचे वाण, संकरित : इंद्रा (भारत), हिरा, एचआय ८०१, लेरिका, अर्ली बाँटी, अर्का अभिजीत			

वाणाचे नाव	कालावधी (दिवस)	उत्पन्न (क्विंटल / हेक्टर)	वैशिष्ट्ये
एन ५३-१	११० ते १२०	१५० ते २०० (ख) २५० ते ३०० (र ते उ)	तिन्ही हंगामासाठी, सुधारित, लाल रंगाचे वाण
बसवंत ७८०	१०० ते ११०	२२० (खरीप)	२००३मध्ये प्रसारित, लाल रंगाचे, खरीप हंगामाचे रांगडा कांदा वाण, सुधारित
फुले सफेद	१८०	२०० ते २५०	खरीप हंगामाचे सुधारित पांढऱ्या रंगाचे वाण, प्रक्रिया उद्योगासाठी उपयुक्त
अकोला सफेद	१८०	२०० ते २५०	अकोला विद्यापीठाचे सुधारित पांढऱ्या रंगाचे वाण
भीमा शक्ती	१३०	२०० ते २५०	राजगुरुनगर संशोधन केंद्र प्रसारित पांढऱ्या रंगाचे वाण
पुसा व्हाईट राउंड	१८०	२०० ते २५०	सुधारित, पांढऱ्या रंगाचे, प्रक्रिया उद्योगासाठी उपयुक्त वाण
एनएचओ ९२०	७५ ते ८०	३५० ते ४००	रब्बीसाठी, राष्ट्रीय फलोत्पादन संशोधन विकास प्रतिष्ठान (एनएसआरडीएफ) कर्नाल (हरियाणा) संशोधित वाण, डेंगळे कमी निघतात, अधिक उत्पन्न, काढणी अवस्थेत रोपे जमिनीवर पडल्याने कापणी सोपी, टिकवण क्षमता जास्त
एन २-४-१	१०० ते १२०	१५० ते २०० (ख) २५० ते ३५० (र ते उ)	सुधारित, लाल रंगाचे, तिन्ही हंगामास उपयुक्त, रांगडे, रोगप्रतिकारक्षमतेचे वाण
एन २५७-९-१	१८०	२०० ते २५०	सुधारित, लाल रंगाचे वाण
ॲग्री फाउंड डार्क रेड	९० ते १००	२०० ते २५० (ख) २५० ते ३०० (र ते उ)	सुधारित, लाल रंगाचे वाण, खरीप हंगामयोग्य, रंग गडद लाल, आकार गोलाकार, मध्यम व घट्ट आवरण

वाणाचे नाव	कालावधी (दिवस)	उत्पन्न (क्विंटल / हेक्टर)	वैशिष्ट्ये
पुसा रेड	१२५ ते १३५	१०० ते १२०	आयसीआर, नवी दिल्ली संशोधित सुधारित, लाल रंगाचे, रब्बी हंगामाचे वाण, साठवणुकीत रंग कायम राहतो.
अर्का निकेतन	११० ते १२०	१५० ते २०० (ख) २५० ते ४०० (र ते उ)	उद्यान विद्या संशोधन संस्था, बेंगळुरू संशोधित वाण, सुधारित, तिन्ही हंगामाचे, लाल रंगाचे, प्रक्रियेसाठी उत्तम
अर्का फाउंड लाईट रेड	१२० ते १२५	३०० ते ३५०	सुधारित, लाल रंगाचे, उन्हाळी व रब्बी वाण, डेंगळ्याचे प्रमाण कमी, साठवणुकीस उत्तम, घट्ट गोलाकार, मध्यम व मोठे कांदे, रंग फिकट लाल
फुले सुवर्णा	१८०	१५० ते ३०० (ख) २५० ते ३५० (र ते उ)	राहुरी विद्यापीठाचे, सुधारित, पिवळ्या रंगाचे वाण
अर्का पितांबरी	१८०	२०० ते २५०	सुधारित, पिवळ्या रंगाचे वाण
भीमा सुपर	१२१० ते १२०	२५० ते ३०० (ख) ४०० ते ४५० (र)	खरीप व रब्बी हंगामास योग्य वाण, ब्रिक्सचे प्रमाण १०-११ टक्के, बीजोत्पादनास उत्तम
फुले समर्थ	७० ते ८०	२६० खरीप	सुधारित, पिवळ्या रंगाचे वाण
ॲग्री फाउंड रेड	११० ते १२०	१५० ते २०० (ख) २५० ते ३०० (र ते उ)	२००३मध्ये राहुरी विद्यापीठ प्रसारित, तिन्ही हंगामासाठी, लाल रंगाचे वाण
भीमा किरण	१३०	४०० ते ४२५ (ख) ४२५ ते ४५० (र)	राजगुरुनगर संशोधित केंद्र प्रसारित, खरीप व रब्बी हंगामासाठी वाण
भीमा श्वेता	१२०	३५० ते ४००	राजगुरुनगर संशोधित, रब्बी हंगामाचे, पांढऱ्या रंगाचे वाण
भीमा रेड	११५ ते १२०	४८० ते ५२०	राजगुरुनगर संशोधित, भगव्या रंगाचे, रब्बी हंगामाचे वाण, वसवंत ७८० वाणातून निवड पद्धतीने विकसित

वाणाचे नाव	कालावधी (दिवस)	उत्पन्न (क्विंटल / हेक्टर)	वैशिष्ट्ये
भीमा राज	१२० ते १२५	२५० ते ३०० (ख) ४०० ते ४५० (रांगडा)	राजगुरुनगर संशोधन केंद्र प्रसारित वाण, तिन्ही हंगामास उपयुक्त, ब्रिक्सचे प्रमाण १०-११ टक्के
ऑफ लाईट रेड	११० ते १२०	१५० ते २०० (ख) २५० ते ३०० (र ते उ)	तिन्ही हंगामाचे, लाल रंगाचे वाण
पुसा व्हाईट फ्लॅट	१८०	२०० ते २५०	प्रक्रिया उद्योगासाठी उपयुक्त, पांढरा रंग
व्ही १२		३५० ते ४००	रब्बी हंगामाचे वाण
उदयपूर १०२			भावनगर, राजस्थानचे स्थानिक वाण
अर्का विशेष (एच ३०९), अर्का अपेक्षा (एच ३८५)		५०० ते १०००	प्रक्रिया उद्योगासाठी उपयुक्त, रोगप्रतिकारशक्ती, टीएसएस, लायकोपेन जास्त असणारे वाण

इतर काही वाण

मल्टिप्लायर कांदा, सीओ १, सीओ ३, सीओ ४, एमडीयू १, अर्का प्रगती, अर्का कल्याण, पूना फुरसुंगी (स्थानिक वाण), हिस्सार १, हिस्सार २, उदयपूर १०१, कल्याणपूर रेड राउंड, अर्ली ग्रानो, पंजाब सिलेक्शन, पुसा रतनार, पुसा माधवी

वाणाचे नाव	कालावधी (दिवस)	उत्पन्न (क्विंटल / हेक्टर)	वैशिष्ट्ये
पुसा रुबी	१५० ते १६०	२५० ते ३००	सुधारित, १०-१२ काढण्या, बुटकी जात
इसी १३५१३ (रोमा)	१६० ते १८०	१६० ते २००	सुधारित वाण, १०-१२ काढण्या
पंजाब छुआरा	१६० ते १८०	१६० ते २००	सुधारित वाण, १०-१२ काढण्या
अर्का सौरभ	१६० ते १८०	१६० ते २००	सुधारित, १०-१२ काढण्या, बुटकी जात
वसुंधरा	१२० ते १८०	१६० ते २००	सुधारित वाण, १०-१२ काढण्या
राजश्री	८० ते ९०	२५० ते ३००	बोकड्या रोगास कमी बळी पडतो, लांब व बाजारपेठेसाठी चांगले, संकरित वाण
एस १२०	८० ते ९०	२५० ते ३००	सुधारित वाण, १०-१२ काढण्या
फुले राजा	१६० ते १८०	५०० ते ६००	संकरित वाण, १०-१२ काढण्या, फळे नारंगी लाल रंगांची, लीफ कर्ल रोगास कमी बळी पडते, खरीपयोग्य
अर्का गौरव	१६० ते १८०	१६० ते २००	वर्षभर घेता येतो, सुधारित वाण, १०-१२ काढण्या
पुसा अर्ली डॉर्फ	१६० ते १८०	१६० ते २००	सुधारित वाण, १०-१२ काढण्या
एटीएच १	१२० ते १८०	५५० ते ६००	संकरित वाण
एटीएच २			
धनश्री	१२० ते १००	५०० ते ६००	सरळ वाण, जवळच्या बाजारपेठेसाठी, ठिपका - मर व बोकड्या रोग सहनशील, फळे मध्यम गोल, १०-१२ काढण्या
भाग्यश्री	१२० ते १८०	१६० ते २००	लाल रंगाचे, बी कमी व गर जास्त असणारे, लायकोपेन प्रमाण जास्त असणारे, सुधारित, महात्मा फुले विद्यापीठ राहुरीचे वाण

वाणाचे नाव	कालावधी (दिवस)	उत्पन्न (क्विंटल / हेक्टर)	वैशिष्ट्ये
फुले केसरी	१२० ते १८०	१६० ते २००	२०१७मध्ये ॲग्रेस्कोची मंजुरी, राहुरी विद्यापीठ प्रसारित, बीटा कॅरोटीनयुक्त संकरित वाण
परभणी टोमॅटो	१२० ते १८०	१६० ते २००	२०१७मध्ये ॲग्रेस्को मंजुरीचे परभणी विद्यापीठाचे वाण
फुले जयश्री	१२० ते १८०	१६० ते २००	चेरी टोमॅटो वाण
हिस्सार ललीत (हिस्सार लालीमा)			सूत्रकृमी प्रतिकारक
अर्का रक्षक व देवगिरी	१५० ते १६०	२५० ते ३००	—
परभणी यशश्री	१५० ते १६०	२०० ते ३००	—
कोकण विजय	१२० ते १८०	१६० ते २००	—
अविनाश	—	—	बोकड्या रोग प्रतिकारक वाण
एसएल १२०, एनआरटी १		—	सूत्रकृमी प्रतिकारक वाण
एनआरटी ८, हिमशिखर	—	—	सूत्रकृमीरोधक
एचएस ११०	—	—	टेबल पर्पजसाठी, कच्चे खाण्यायोग्य
क्लाउज	—	—	सिंजेंटा कंपनीचे वाण

इतर काही वाण

अर्का वरदान (एफएसएच २), अर्का विकास, काळा टोमॅटो (ब्लॅक गॅलक्सी), एस १३, एचएम १०२, पंत टोमॅटो ३, कर्नाटक, एटीएच ६, सोनाली, पुसा शीतल, स्वीट ७२

संकरित वाण : जेरिका, पुसा हायब्रीड १, पुसा हायब्रीड २, नवीन, मंगला

मर रोगास प्रतिकारक्षमता : पंत बहार, बीटी १, बीडब्ल्यूआर ५, एलई ७९५, बीटी १०

चेरी टोमॅटो वाण : टी ५६, एनएस चेरी १, एनएस चेरी २

राहुरी विद्यापीठाचे संकरित वाण : रूपाली, वैशाली, रत्ना

बटाटा

वाणाचे नाव	कालावधी (दिवस)	उत्पन्न (क्विंटल / हेक्टर)	वैशिष्ट्ये
कुफरी चंद्रमुखी	७५ ते १००	१०० ते १२०	पांढरे बटाटे
कुफरी लवकर	७० ते ८०	१०० ते १२०	पांढरे बटाटे, सुधारित वाण
कुफरी ज्योती	८० ते १००	२०० ते ३००	पांढरे बटाटे, सुधारित वाण
कुफरी बादशाह	९० ते ११०	१०० ते १२०	पांढरे बटाटे
कुफरी सिंदुरी	९० ते १००	१२० ते २००	लाल बटाटे, सुधारित वाण
चिप्सोना १, २, ३	९० ते १००	२०० ते ३००	बटाटे चिप्ससाठी उपयुक्त
कुफरी सूर्या	११५ ते १२५	२०० ते ३००	सुधारित वाण
कुफरी मुथू	७५ ते १००	२०० ते ३००	पांढरे बटाटे
कुफरी अलंकार	९० ते १००	१०० ते १२०	पांढरे बटाटे
कुफरी खासीगारोश	७५ ते १००	२०० ते ३००	पांढरे बटाटे
दार्जिलिंग रेड आणि डीआरआर - राउंड		—	लाल बटाटे
कुफरी चमत्कार	१०० ते १२०		
कुफरी साकटी	१०० ते १२०		
कुफरी अशोका	७० ते ८०		
कुफरी शीतमान	९० ते १००	—	पांढरे बटाटे
कुफरी कुबेर	१०० ते १२०		
कुफरी चंदन	११० ते १२०		
कुफरी बहार	११० ते १२०		
कुफरी जवाहर	७० ते ८०	११० ते १५०	
कुफरी ललिमा	९० ते १००	—	पांढरे बटाटे
कुफरी रेड	९० ते १००	—	लाल बटाटे
कुफरी सफेद	११० ते १२०	११० ते १२०	पांढरे बटाटे
कुफरी देवा			

वाणाचे नाव	कालावधी (दिवस)	उत्पन्न (क्विंटल / हेक्टर)	वैशिष्ट्ये
कुफरी किसान	९० ते १००	११० ते १२०	पांढरे बटाटे
कुफरी नीला	११० ते १२०		पांढरे बटाटे
कुफरी पुरूराज	९० ते १००		सुधारित वाण
एल रोझेटा	—	—	महाराष्ट्रात लागवड
कुफरी कुमार	११० ते १२०	११० ते १२०	—
कुफरी नीलमणी	११० ते १२५	११० ते १२०	—
कुफरी मेधा	९० ते १००	—	—
कुफरी कुंदन	९० ते १००	—	—
कुफरी गिरिराज	९० ते १००	—	—
कुफरी जीवन	११० ते १२०	—	—
कुफरी नवीन	११० ते १२०	—	—
कुफरी सुवर्णा	९० ते १००	११० ते १२०	—
कुफरी शेरपा	९० ते १००	११० ते १२०	—

इतर काही वाण
कुफरी सोना, पिंपरनल, अटलांटिक, ज्योती सुपर, एस १, एफएल १५३३

वाटाणा

वाणाचे नाव	कालावधी (दिवस)	उत्पन्न (क्विंटल / हेक्टर)	वैशिष्ट्ये
बोनव्हिले	१०० ते १२०	१२५ ते १३० दाणे १८ ते २०	मध्यम काळात पक्व होणारे, सुधारित वाण, अमेरिकन जात, उंची ६० ते ७० सेंमी, भुरी रोगास बळी पडतो, पहिली तोडणी ८० दिवसांनी
रचना	१०० ते १०५	१३० ते १९० दाणे १८ ते २०	चंद्रशेखर आझाद कानपूर कृषी विद्यापीठाचे वाण, दाणे मध्यम आकाराचे
पुसा आर्केल	६० ते ६५	१२५ ते १५० दाणे १८ ते २०	लवकर पक्व होणारे वाण, सुधारित युरोपियन जात, भुरी रोगास प्रतिकारक
फुले प्रिया	८० ते १००	१०० ते ११० दाणे १८ ते २०	२०१०मध्ये राहुरी विद्यापीठाचे संशोधित सुधारित वाण, रब्बी हंगाम, शेंगा पोखरणाऱ्या अळी व भुरी रोगाला प्रतिकारक, शेंगा हिरव्या - आकर्षक - चवीस गोड, ८ ते १० दाणे / शेंग,
असौजी	१०० ते १२५	१०० ते १२५	लवकर पक्व होणारे, आयसीएसआर नवी दिल्ली संशोधित वाण
जवाहर मटर	१०० ते १२०	५०० ते ६०० दाणे १८ ते २०	मुख्य हंगामासाठी योग्य, मध्यम काळात पक्व होणारे वाण
एनपी २९	१०० ते १२५	१२५ ते १३० दाणे १८ ते २०	उशिरा पक्व होणारे, आयसीएआर दिल्ली वाण
अर्ली वंडर	१०० ते १२५	२५० ते ४०० दाणे १८ ते २०	लवकर येणारी जात
पीएच १	८० ते ९०	४० ते ६० दाणे १५ ते २०	—
अंबिका	१०० ते १०५	दाणे १८ ते २०	कृषी विद्यापीठ रायपूरचे वाण, मध्यम आकाराचे दाणे

वाणाचे नाव	कालावधी (दिवस)	उत्पन्न (क्विंटल / हेक्टर)	वैशिष्ट्ये
एचएफपी ४ (अपर्णा)	१०० ते १०५	दाणे १८ ते २०	हरियाणा विश्व विद्यालयाचे वाण, दाणे आकाराने मोठे, बुटके झाड
केपीआर १४४-१ (सपना)	१०० ते १०५	दाणे १८ ते २०	कानपूर कृषी विद्यापीठाचे वाण, दाणे मोठे, बुटके झाड
केपीएमआर ४००	१०० ते १०५	दाणे १८ ते २०	चंद्रशेखर आझाद कानपूर विद्यापीठाचे वाण, दाणे मध्यम, बुटके झाड
डीएमआर २३	७० ते ७५	दाणे १८ ते १९	आयएआरआय दिल्लीचे, बुटके वाण, दाणे मध्यम आकाराचे,
पुसा पन्ना (डीएमआर २७)	७५ ते ८०	दाणे १५ ते १६	आयएआरआय नवी दिल्ली संशोधित वाण, दाणे टपोरे मोठे, वाढ बुटकी, पक्वता लवकर
न्यू लाईन परफेक्शन	८० ते ८५ दिवस	हिरवे १०० ते १२५	—
वाई वाटाणा	—	—	स्थानिक पुणे, सातारा येथे लागवड होते.
गोल्डन आर्केल	—	—	पुणे, सातारा जिल्ह्यात व इतरत्र सध्या लोकप्रिय जात
सिलेक्शन ८२	—	१०० ते ११० दाणे १८ ते २०	—
सिलेक्शन ९३			
जवाहर मोती २	—	दाणे १८ ते २०	—
अर्ली सुपर्ब	१०० ते १२५	२५० ते ४०० दाणे १८ ते २०	—
अर्ली बडगर			
लिटल मार्वेल			
अलास्का			
आझाद पी ३	१०० ते १०५	९५ ते १०० दाणे १८ ते २०	—
तराई आर्केल			

वाणाचे नाव	कालावधी (दिवस)	उत्पन्न (क्विंटल / हेक्टर)	वैशिष्ट्ये
१०० ते ११० दिवसांत येणारे, ९५ ते १०० क्विंटल प्रति हेक्टर उत्पन्न : हिरवे वाटाणे वाण			
सिलेक्शन ८५, स्थानिक वाई वाटाणा, खापरखेडा, व्हीएल ३, केएस १३६, पंत उपहार, पंत मटार २, अर्जी बॉजर			
१०० ते ११० दिवसांत येणारे, ९० ते १०० क्विंटल प्रति हेक्टर उत्पन्न : हिरवे वाटाणे वाण			
पी ८८, मिटीओर, आझाद मटार			

पानकोबी

वाणाचे नाव	कालावधी (दिवस)	उत्पन्न (क्विंटल / हेक्टर)	वैशिष्ट्ये
गोल्डन एकर	६० ते ८०	२०० ते ३००	कोपनहेगन जातीपासून निवडलेले, गोल गड्डे, सुधारित, दीड महिना चांगले राहते
प्राईड ऑफ इंडिया	६० ते ७०	२०० ते ३००	गोल गड्डे, सुधारित वाण, पुनर्लगणीपासून ७०-७५ दिवसांत तयार होतात
कोपनहेगन मार्केट	६० ते ७०	२०० ते ३००	गोल गड्डे, सुधारित वाण
पुसा ड्रम हेड	१०५ ते ११०	२०० ते ३००	सपाट गड्डे, सुधारित वाण, वजन १.७५-२ किलो
अर्ली ड्रम हेड	१०५ ते ११०	२०० ते २५०	सपाट गड्डे, सुधारित वाण
पुसा मुक्ता	९० ते १२०	२०० ते २५०	गड्डे चपटे गोल असून ब्लॅक रॉट रोगास प्रतिकारक
संकरित रेड कॅबेज	–	१५० ते २५०	आकर्षक वाण; पण उत्पन्न कमी
रेड कॅबेज	–	१०० ते १५०	लाल रंगाचा कोबी, पान जांभळे, लाल आकर्षक जात; पण उत्पन्न कमी
सप्टेंबर	–	१०० ते १५०	संकरित वाण
इतर काही वाण **संकरित वाण, उत्पन्न (१५० ते २५० क्विंटल / हेक्टर) :** श्रीगणेश गोल, नाथ लक्ष्मी ४०१, ग्रीन एक्सप्रेस, ग्रीन बॉय, मीनाक्षी, हरियाणी, गंगा, यमुना, कावेरी			

फूलकोबी

वाणाचे नाव	कालावधी (दिवस)	उत्पन्न (क्विंटल / हेक्टर)	वैशिष्ट्ये
पुसा कातकी / केतकी	७० ते १००	२०० ते २५०	एप्रिल-मे लागवड (वर्षभरही लावता येते), लवकर पक्व होणारे सुधारित वाण
पुसा दीपाली	६० ते ९०	२०० ते २५०	वर्षभर लावता येते, सुधारित, स्थानिक वाणातून निवडलेले, गड्डे पांढरे, भरपूर घट्ट असून दाट लागवडीसाठी योग्य वाण
अर्ली कुंबारी	६० ते ९०	६० ते ८०	पंजाब कृषी विद्यापीठाचे, वर्षभर लावता येते, गड्डे पांढरट-पिवळसर, एप्रिल-मेमध्ये लागवड, लवकर पक्व होणारे
अर्ली पाटना	६० ते ९०	१५० ते २५०	एप्रिल-मे लागवड, लवकर पक्व होणारे
पुसा अर्ली सिंथेटीक	६० ते ९०	९० ते ११०	एप्रिल-मे लागवड, लवकर पक्व होते. आयसीएआर संशोधित वाण, गड्डे मध्यम आकाराचे फिकट पांढरे व घट्ट
सुधारित जपानी (इम्प्रूव्ह्ड जपानी)	७० ते ९०	२०० ते २५०	जुलै-ऑगस्ट लागवड, पक्वतेस मध्यम काळ लागतो, सुधारित वाण
आघानी	९० ते १२०	१५० ते २५०	मध्यम काळात येणारे वाण
पुसा सिंथेटिक	९० ते १००	२०० ते २५०	जून-जुलै-ऑगस्ट लागवड, पक्वतेस मध्यम काळ, आयसीएआरचे संकरित वाण, गड्डे मध्यम आकाराचे आणि घट्ट
पंत शुभ्रा (पुसा शुभ्र)	७० ते १००	२०० ते २२०	जून-जुलै-ऑगस्ट लागवड, मध्यम काळात येणारे, गड्डे ७००-८०० ग्रॅमचे, घट्ट, आयसीएआरचे संकरित वाण
स्नोबॉल १६	९० ते १२०	१५० ते २५०	सप्टेंबर-ऑक्टोबर लागवड, उशिरा पक्व होणारे, सुधारित वाण
पुसा स्नोबॉल १	११० ते १२०	१५० ते २५०	नोव्हेंबर-डिसेंबरमध्ये लागवड, उशिरा पक्व होणारे, सुधारित वाण

वाणाचे नाव	कालावधी (दिवस)	उत्पन्न (क्विंटल / हेक्टर)	वैशिष्ट्ये
इसी १२०१३	९० ते १२०	१५० ते २५०	नोव्हेंबर-डिसेंबरमध्ये लागवड, उशिरा पक्व होणारे, सुधारित वाण
सीओ ९	९० ते १२०	१५० ते २५०	नोव्हेंबर-डिसेंबरमध्ये लागवड, उशिरा पक्व होणारे, सुधारित वाण
पंजाब / पुसा कुंवारी	६० ते ९०	२०० ते २५०	मे-जूनमध्ये लागवड
पाटना मि. सिझन	७० ते ९०	२०० ते २५०	जुलै-ऑगस्टमध्ये लागवड
हिस्सार १			सुधारित वाण, सप्टेंबर-ऑक्टोबर लागवड
पुसा कातळ			लवकर तयार होणारे वाण
अर्ली स्नोबॉल	६० ते ९०	२२० ते २८०	—
जायंट स्नोबॉल			—
पुसा पाटना			—
दानिया	११० ते १२०	२२० ते २८०	उशिरा पक्व होणारे वाण
कॅट रेन १	११० ते १२०	२०० ते २२०	उशिरा पक्व होणारे वाण
पंत कोबी १ (के १)	—	२२० ते २८०	नोव्हेंबर-डिसेंबरमध्ये लागवड
पंत कोबी ३	—	२२० ते २८०	नोव्हेंबर-डिसेंबरमध्ये लागवड
नरेंद्र कोबी	—	२०० ते २५०	—
फर्स्ट क्रॉप	६० ते ९०	—	—
पुसा स्नोबॉल २	११० ते १२०	—	—
पुसा स्नोबॉल ३		—	—

वाणाचे नाव	कालावधी (दिवस)	उत्पन्न (क्विंटल / हेक्टर)	वैशिष्ट्ये
जी ४१ (सिलेक्शन १)	१३५ ते १५०	५० ते ७०	सुधारित वाण
जी ५० (जी २२३)	१०० ते १२०	४० ते ६०	–
फुले बसवंत	१३० ते १५०	१०० ते १५०	राहुरीचे सुधारित वाण, गड्डा आकाराने मोठा, महाराष्ट्रात लागवडीस योग्य
श्वेता	१३५ ते १४०	१०० ते ११०	राहुरी कृषी विद्यापीठाचे सुधारित वाण, गड्डा मोठा व पांढराशुभ्र, पाकळ्या २५ प्रति गड्डा
गोदावरी	१४० ते १४५	६० ते ११०	राहुरी कृषी विद्यापीठाचे सुधारित वाण, फुलकिडे - करपा प्रमाण कमी, पाकळ्या २५ प्रति गड्डा
जी १	१३५ ते १४०	१२५ ते १५०	सुधारित वाण
यमुना सफेद	१४० ते १५०	१८० ते २००	राष्ट्रीय फलोत्पादन संस्था व विकास प्रतिष्ठान, नासिकद्वारा प्रसारित वाण, साठवणीस मध्यम व निर्यातीस योग्य
ॲग्री फाउंड व्हाईट	१२० ते १३०	१३० ते १४०	सर्वोत्तम, मध्यम तिखट, सुधारित वाण, एका गाठीत २०+ पाकळ्या
फुले नीलिमा	१३० ते १५०	९० ते १००	ऑक्टोबर-नोव्हेंबर पेरणी, सुधारित वाण
स्थानिक वाण : फवारी, एकनाळी, जामनगर लोकल, मद्रासी, राजलेगडी, जबलपूर लोकरल	पाच ते सहा (महिने)	१२५ ते १४० ग्रॅम प्रति हेक्टर	पांढऱ्या जातीचा, जांभळ्या जातीचा लसूण
जी ३१३	–	–	–

वाणाचे नाव	कालावधी (दिवस)	उत्पन्न (क्विंटल / हेक्टर)	वैशिष्ट्ये
माहीम किंवा महिमा	८ ते १० (महिने)	१५० ते २३० सुंठ १७ ते १८	सुधारित वाण
रिओडीजानीरो			परदेशी सुधारित वाण
कालिकत	८ ते १० महिने	१५० ते २०० सुंठ १७ ते १८	सुधारित वाण
वरदा	२०० ते ३००	२०० ते २५० सुंठ १७ ते १८	सुधारित वाण
चायना			परदेशी सुधारित वाण
ब्यानाड	२७०	१५० ते २०० सुंठ १७ ते १८	स्थानिक सुधारित वाण
जी ५५-१			सुधारित वाण
रिजाथा	२००	२०० ते २२० सुंठ १७ ते १८	—
सुरभी	२७०	१०० ते १५० सुंठ १७ ते १८	सुधारित, फुटवे भरपूर, स्थानिक जातीवर एक्स-रे प्रक्रिया करून निवडलेले वाण, भरपूर फुटवे, गड्डा दंडगोलाकृती, साल गडद चमकदार
सुरुची			सुधारित, निवड पद्धतीने संशोधित वाण
सुप्रभा	—	१०० ते १५० सुंठ ४० ते ५०	कुंडुली या स्थानिक वाणातून निवडलेली जात, गड्डे जाड व टोके गोलाकार, साल चमकदार करड्या रंगाची, हिरव्या आल्यासाठी व सुंठीसाठी योग्य जात

नोट : प्रादेशिक कृषी संशोधन केंद्र, अंबालावायल (केरळ), नाडिया व थिंगापुरी (सुंठीसाठी जात) - आल्याच्या ३५ व ११८ नवीन जातींचे संकलन आहे.

नाडिया	प्रादेशिक कृषी संशोधन केंद्र, अंबालावायल (केरळ) येथील सुंठीसाठी उत्तम जात विकसित
थिंगापुरी	

वाणाचे नाव	कालावधी (दिवस)	उत्पन्न (क्विंटल / हेक्टर)	वैशिष्ट्ये
मारान			
आसाम कुरुप्पमडी	ओलिओरेझीन बनवण्यासाठी व त्या जातीपासून सुंठीचा उतारा जास्त मिळवण्यासाठी प्रादेशिक कृषी संशोधन केंद्र, अंबालावायल (केरळ) यांनी प्रसारित केलल्या जाती		
वालवानाड			
एर्नाद			

हळद

वाणाचे नाव	कालावधी (दिवस)	उत्पन्न (क्विंटल / हेक्टर)	वैशिष्ट्ये
पीकेव्ही वायगाव	२१० ते २७०	ओली २२० ते ३५० वाळलेली ६० ते ९०	सुधारित वाण, गडचिरोली, गोंदिया, भंडारा, यवतमाळ, वर्धा येथे प्रसिद्ध, कुरकुमीन ४.०
सेलम	२१० ते २७०	ओली ३५० ते ४०० वाळलेली ७० ते ७५	सुधारित वाण, पाने रुंद हिरवी, १२ ते १५ पाने/झाड, साल पातळ, कुरकुमीन ४.५ टक्के, उंची १.५ मीटरपर्यंत जाते. हळकुंडातील पेरे ८-९, करपा रोगास बळी पडते.
फुले स्वरूपा (डीटीएस १२)	८.५ (महिने)	ओली २५० ते ३५० वाळलेली ७५ ते ८०	सुधारित, कुरकुमीन ५.१८ टक्के, राहुरी कृषी विद्यापीठाचे वाण, मध्यम उंची, फुटवे २-३ प्रति झाड, जेठे गड्डे मध्यम, ५० ते ५५ ग्रॅम वजनाचे, हळकुंड सरळ लांब वाढते, करपा रोग व कंदमाशीस प्रतिकारक
राजापुरी	८ ते ९	ओली वाळलेली ५५ ते ५८	कुरकुमीन ४ टक्के, रोगास बळी पडते, सुधारित वाण, १० ते १५ पाने, साल पातळ, शिजवल्यावर उतारा १८ ते २० टक्के पडतो, करपा रोगास बळी पडते, भाव चांगला मिळतो.

वाणाचे नाव	कालावधी (दिवस)	उत्पन्न (क्विंटल / हेक्टर)	वैशिष्ट्ये
कृष्णा	८ ते ९	ओली २५० ते ३५० वाळ ७५ ते ८०	१९८४मध्ये हळद संशोधन केंद्र, कसबे डिग्रज सांगली संशोधित वाण, सुधारित जात, ठिपके रोगास बळी पडते, हळकुंडातील पेऱ्यांची संख्या ८-९ असते, कुरकुमीन २.५ टक्के
टेकुरपेटा (कडप्पा)	२४० ते २६०	ओली २५० ते ३०० वाळलेली ८० ते ९०	कुरकुमीन ३.५ टक्के, करपा रोगास बळी पडते, १५ जूननंतर लागवड केली तर उत्पन्न घटते, सुकवण्यासाठी सुरत किंवा मलबार पद्धतीचा वापर करावा.
रोमा	२४० ते २६०	ओली २५० ते ३०० वाळलेली ८० ते ९०	मसाला पिके संशोधन केंद्र कालिकत संशोधित वाण
सुवर्णा			
सुदर्शन			
आयआयएसआर प्रतिभा	२४० ते २६०	ओली २५० ते ३०० वाळलेली ८० ते ९०	मसाला पिके संशोधन केंद्र कालिकत संशोधित वाण, कुरकुमीन ६.२ टक्के
आयआयएसआर केदारम	२४० ते २६०	ओली २५० ते ३०० वाळलेली ८० ते ९०	मसाला पिके संशोधन केंद्र कालिकत संशोधित वाण, कुरकुमीन ५.५ टक्के
शोभा			
सोना			
वरणा			
एनएयू १	२४० ते २६०	३२०	नवसारी कृषी विद्यापीठ, गुजरातचे वाण
स्पेशल कोकण ४	२४० ते २६०	३२०	कोकण विभागासाठी शेतकऱ्याने संशोधित केलेले वाण
आयआयएसआर प्रभा	२४० ते २६०	३२०	मसाला पिके संशोधन केंद्र कालिकत संशोधित वाण, कुरकुमीन ६.५ टक्के
लोखंडी कडप्पा			भारतीय मसाला पिके संशोधन केंद्र, कालिकत

वांगी

वाणाचे नाव	कालावधी (दिवस)	उत्पन्न (क्विंटल / हेक्टर)	वैशिष्ट्ये
मांजरी गोटा	१२० ते १३०	२५० ते ३००	राहुरी कृषी विद्यापीठ प्रसारित, सुधारित वाण, फळे मध्यम ते मोठ्या आकाराची, जांभळट गुलाबी, फळांच्या देठावर काटे, रुचकर जात, फळे चार-पाच दिवस टिकतात.
फुले हरित	१२० ते १३०	२०० ते ४८०	सुधारित वाण, फळे आकाराने मोठी, भरीत करण्यास उत्तम, फिकट हिरवा रंग, खरिपासाठी
कृष्णा	१२० ते १३०	४०० ते ४५०	संकरित वाण, राहुरी कृषी विद्यापीठ प्रसारित, झाडे काटक, फळ जांभळे - वर पांढरे पट्टे, देठावर व पानांवर काटे
फुले अर्जुन (आरबीएस १)	१८०	४०० ते ५००	संकरित वाण, खरीप व उन्हाळी हंगामासाठी, अंडाकृती काटेरी फळावर जांभळ्या-पांढऱ्या रेषा, साठवणुकीसाठी उत्तम
अरुणा	१२० ते १३०	४०० ते ५००	डॉ. पंजाबराव देशमुख कृषी विद्यापीठ, अकोला प्रसारित वाण
प्रगती	१२० ते १३०	२५० ते ३००	म. फुले कृषी विद्यापीठ, राहुरी प्रसारित
अनमोल	६० ते ७०	४०० ते ४५०	फळांचा रंग जांभळा, त्यावर हिरवे-पांढरे ठिपके, विषाणू रोगप्रतिकारक, रब्बी - उन्हाळी हंगामयोग्य
पंत सम्राट	६५ ते ७०	४०० ते ४२५	फळांचा रंग लालसर जांभळा, त्यावर बारीक पांढरे पट्टे, खोड - पान व देठ काटेरी
कोकण प्रभा		२५० ते २७५	२०१७मध्ये अॅग्रेस्को मंजुरी
जयंत	६० ते ६५	४०० ते ५००	फळाचा रंग चकाकणारा हिरवा, त्यावर फिकट हिरवे पट्टे, सतत फळधारणा

वाणाचे नाव	कालावधी (दिवस)	उत्पन्न (क्विंटल / हेक्टर)	वैशिष्ट्ये
वैशाली	६० ते ७०	४०० ते ४५०	राहुरी विद्यापीठाचे संकरित वाण
यशवंत	६५ ते ७०	४५० ते ५००	फळ लांबट, अंडाकृती, देठ हिरवे

इतर काही वाण

पंत ऋतुराज

कालावधी (१८० ते २०० दिवस) उत्पन्न (२५० ते ३०० क्विंटल/हेक्टर) : एबीव्ही १०, कल्पतरू, सुवर्णा, प्रतिभा, पुसा पर्पल लाँग, पुसा हायब्रीड ५

कालावधी (१२० ते १३० दिवस) उत्पन्न (२५० ते ३०० क्विंटल/हेक्टर) : पुसा पर्पल क्लस्टर, पुसा क्रांती

कालावधी (१२० ते १३० दिवस) उत्पन्न (२५० ते २७५ क्विंटल/हेक्टर) : पुसा पर्पल राउंड, रुचिरा

उत्पन्न (२५० ते २७५ क्विंटल/हेक्टर) : पंत हायब्रीड ब्रिंजल १, एनडीबी १, पंजाब बरसाती, परभणी यशश्री

वाणाचे नाव	कालावधी (दिवस)	उत्पन्न (क्विंटल / हेक्टर)	वैशिष्ट्ये
फुले उत्कर्षा	१०० ते १२५	१५० ते २००	सुधारित वाण
फुले कीर्ती	९० ते १००	१२० ते १६०	महात्मा फुले विद्यापीठ, राहुरीचे वाण, फळे कोवळी, हिरवी व लुसलुशीत असतात, विषाणू रोगास प्रतिकारक, खरीप व उन्हाळी हंगामास योग्य
पीबीएनओके १ किंवा परभणी ओक्रा १ किंवा परभणी भेंडी किंवा परभणी क्रांती	५५ ते ६५	१२० ते १४०	मराठवाडा कृषी विद्यापीठ परभणी संशोधित सुधारित वाण, फळे कोवळी, हिरवी, लांब, खरीप व उन्हाळी हंगामयोग्य, उन्हाळ्यात १४ ते १६ तोडण्या, लागवडीनंतर ५५ ते ६० दिवसांत फळे तोडणीस येतात, केवडा रोगास प्रतिकारक
अकोला बहार	१०० ते १२५	५० ते ७५	सुधारित वाण
अर्का अनामिका	६० ते ६५	१२० ते १२५	खरीप, उन्हाळी हंगामासाठी योग्य, सुधारित वाण, हळद्या रोगास प्रतिकारक, फळे लांब व कोवळी, पाच-सहा शिरा असतात, देठ लांब, तोडायला सोपे
पुसा मखमली	१०० ते १२५	५० ते ७५	सुधारित वाण
पुसा ए ४	१०० ते १२५	५० ते ७५	सुधारित वाण
फुले विमुक्ता	१०० ते १२५	१५० ते २००	खरीप - उन्हाळी हंगामासाठी योग्य, सुधारित वाण
अर्का अभय	१०० ते ११०	७० ते ९०	अर्का अनामिकासारखी जात, फांद्या येतात, दोन बहार मिळतात.

वाणाचे नाव	कालावधी (दिवस)	उत्पन्न (क्विंटल / हेक्टर)	वैशिष्ट्ये
पुसा सावनी	४५ ते ६०	१०० ते ११०	आयसीएआरचे दिल्लीचे वाण, व्हायरसला बळी पडते, फळे गडद हिरवी - आकर्षक व बराच काळ कोवळी राहतात, ४५ दिवसांत तोडायला येतात, निर्यातीस योग्य
वर्षा उपहार	४८ ते ५०	९५ ते १००	हरियाणा कृषी विद्यापीठाची जात, लॅम सिलेक्शन १ व परभणी क्रांती वाणाचा संकर, हळद्या रोगास प्रतिकारक
पीडीकेव्ही प्रगती			२०१७मध्ये अकोला कृषी विद्यापीठ संशोधनाला ॲग्रिस्कोची मंजुरी, हळद्या रोगास प्रतिकारक
तर्जनी (महाबीज ९१३)	१०० ते ११०	२२५ ते २५०	फळाचा रंग गडद हिरवा, मोझेक व्हायरस प्रतिकारक
तन्वी (महाबीज ३३३)	१०० ते १२०	२०० ते २२५	फळाचा रंग गडद हिरवा, मोझेक व्हायरस प्रतिकारक

इतर काही वाण

एकेओव्ही ९७-१६, सिलेक्शन २, पुसा पद्मिनी (पंजाब पद्मिनी), सीओव्ही १, सीओव्ही २, वैशाली बंधू, जनार्दन, व्हीआरओ ५, व्हीआरओ ६, गौरव

नवलकोल

वाणाचे नाव	कालावधी (दिवस)	उत्पन्न (क्विंटल / हेक्टर)	वैशिष्ट्ये
पुसा चंद्रिमा		३५०	फळ पांढुरके, चमकदार, गुळगुळीत
पुसा कंचन		३५०	फळ फिकट लालसर, गोलसर असते.
पर्पिल टॉप		३५०	फळाचा वरचा भाग जांभळट, भुरकट, चिरले तर आत पांढरे, गोड चव, आकार गोल

ढेमसे / दिलपसंद / टिंडा

वाणाचे नाव	कालावधी (दिवस)	उत्पन्न (क्विंटल / हेक्टर)	वैशिष्ट्ये
अर्का टिंडा	१०० ते १४०	१०० ते १२५	सुधारित वाण, फळे टणक, काष्ठमय
पंजाब टिंडा	८० ते १००	८० ते १००	झाल्यास भाव कमी येतो. वेळेवर काढणी करावी.
टिंडा पस ४८३	१४० ते १५०	९० ते १०५	सुधारित वाण
अर्का अन्नामलाई	१४० ते १५०	९० ते १०५	सुधारित वाण
बिकानेरी	१४० ते १५०	९० ते १०५	सुधारित वाण
अर्का पंजाबी	१४० ते १५०	९० ते १०५	सुधारित वाण
सिलेक्शन ४८	१४० ते १५०	९० ते १०५	सुधारित वाण

कढीपत्ता

वाणाचे नाव	कालावधी (दिवस)	उत्पन्न (क्विंटल / हेक्टर)	वैशिष्ट्ये
धारवाड १	–	–	मोठ्या पानाचा वाण
धारवाड २	–	–	मोठ्या पानाचा वाण
कोकण	–	–	मध्यम आकाराची करवतकाठी पाने
म्हैसूर	–	–	मध्यम आकाराची करवतकाठी पाने
देसी गावरान	–	–	–
सुवासिनी	–	–	–

शेवगा

वाणाचे नाव	कालावधी (दिवस)	उत्पन्न (क्विंटल / हेक्टर)	वैशिष्ट्ये
सीओ १ (कोईमतूर १) सीओ २ (कोईमतूर २)	२४० ते ३००	२५ ते ५० किलो / झाड	लवकर येणारे, भरपूर प्रथिने असणारे, पाच-सहा मीटर उंच, १२-१६ फांद्या
पीकेएम १	२४० ते ३००	२५ ते ५० किलो / झाड	पेरियाकोलम - तमिळनाडू संशोधित वाण, लवकर येणारे, भरपूर प्रथिनांचे, पाच-सहा मीटर उंच
पीकेएम २			सहा महिन्यांत शेंगा येतात, तमिळनाडू संशोधित वाण, देठावर चार-पाच शेंगा, चव उत्तम, ३५ वर्षांपासून लोकप्रिय, त्याचेच बी वापरता येते.
कोकण रुचिरा	२४० ते ३००	२५० ते ३०० शेंगा / झाड	कोकण कृषी विद्यापीठ संशोधित वाण, पाच-सहा मीटर उंच, १६ ते २२ फांद्या
भाग्य	२४० ते ३००	२५० ते ४००	बागलकोट - कर्नाटक विद्यापीठाचे संशोधित वाण
ओडिसी	१२० ते १५०	४५० ते ५००	एका देठावर चार-पाच शेंगा, गर जादा, बी कमी, बेन ऑईल व पाणी शुद्धिकरणासाठी, चार-पाच महिन्यांत उत्तम येते.
दत्त शेवगा	—	१५० ते १८० शेंगा / झाड	दत्त सहकारी साखर कारखाना विकसित, एकाच हंगामात शेंगा येतात, एका देठावर दोन शेंगा
जाफना	—	१६० ते २५० शेंगा / झाड	स्थानिक वाण, एका देठावर एकच जाड शेंग

ब्रोकोली

वाणाचे नाव	कालावधी (दिवस)	उत्पन्न (क्विंटल / हेक्टर)	वैशिष्ट्ये
गणेश ब्रोकोली	४६ ते ५०		महात्मा फुले कृषी विद्यापीठ राहुरी सुधारित वाण, गड्डे आकर्षक व हिरवे, वजन १८० ते १९० ग्रॅम, रोगकिडींस कमी बळी
पालम समृद्धी	८९ ते १३०		हिमाचल प्रदेश विद्यापीठ वाण, हिरवा गड्डा
केटीएस १		६५ ते ७०	—
युग्रीन	८९ ते १३०		—
ग्रीन स्प्राउटींग लेट			—
डी सिक्को			—
ग्रीनबड	४६ ते ५०		—
स्पार्टन अली			—

■

पालेभाज्या

चवळी

वाणाचे नाव	कालावधी (दिवस)	उत्पन्न (क्विंटल / हेक्टर)	वैशिष्ट्ये
पुसा दोफसली	९० ते १०० ६५ ते ७०	५० ते ८० ७५ ते १००	खरीप व उन्हाळी वाण, झुडूपवजा जात, उन्हाळी व पावसाळी हंगामात येते, १८ सेंमी लांब शेंगा
पुसा फाल्गुनी	६० ते १०० ६० दिवसांत येतात	८० ते १००	दोन बहाराचे उन्हाळी वाण, झुडूपवजा
पुसा कोमल	९० ते १००	७५ ते ११०	खरीप व उन्हाळी लागवडीचे वाण, झुडूपवजा, मध्यम उंचीचे
ऋतुराज	६० ते ८०	८५ ते ९० बी उत्पन्न १०	तिन्ही हंगामात येते, झुडूपवजा, उन्हाळ्यात ४० दिवसांनी तोडणी, १० ते १२ तोडण्या, हिरव्या शेंगा व बी दोन्हींसाठी उपयुक्त
पुसा बरसाती	४५ ते ५०	८० ते ९० हिरव्या शेंगा	खरीप हंगामाचे वाण, शेंगा १५ ते २५ सेंमी, दोन-तीन बहार येतात.
असीम	८० ते ८५ ४५ दिवसांत येते	८० ते ८५ दाणे १७ ते १८	खरीपसाठी, ८ ते १० तोडण्या, ३५ ते ४० दिवसांत आटपणे
एनएल ३६७	८० ते ८५	५० ते ८०	अॅग्रिस्कोची मंजुरी
अजित २२	८० ते ८५	७० ते ९०	खासगी कंपनीचे वाण
जेसी ३	८० ते ८५	६० ते ७५	खासगी कंपनीचे वाण
व्हीएसएस ८	८० ते ८५	५० ते ७५	खासगी कंपनीचे वाण

वाणाचे नाव	कालावधी (दिवस)	उत्पन्न (क्विंटल / हेक्टर)	वैशिष्ट्ये
फुले पंढरी	८० ते ९०	५० ते ७५	राहुरी कृषी विद्यापीठाचे वाण
पुसा बासमती	४५	५५ ते ६० दाणे १५ ते १७	—
एस २२८	६० ते ७०	६५ ते ७५	—
कोकण सदाबहार	९० ते १००	५५ ते ६० दाणे १५ ते १७	—
अर्का गरिमा	९० ते १००	१२० ते १५०	—
कोकणवाली	८० ते ९०	६० ते ७० दाणे १७ ते १८	—

पालक

वाणाचे नाव	कालावधी (दिवस)	उत्पन्न (क्विंटल / हेक्टर)	वैशिष्ट्ये
ऑल ग्रीन	९० ते ११५	१२०	जोमदार वाढ, लवकर येणारा, एकसारखी कोवळी पाने, पानाच्या कडा मऊ, सुधारित वाण
पुसा ज्योती	९० ते ११५	१५० ते २००	सुधारित वाण

इतर काही वाण

कालावधी (४० ते ५० दिवस), उत्पन्न (८० ते १०० क्विंटल / हेक्टर) : पुसा हरित, जॉबनेर ग्रीन, पालक नं. ५१-१६, एचएस २३

मेथी

वाणाचे नाव	कालावधी (दिवस)	उत्पन्न (क्विंटल / हेक्टर)	वैशिष्ट्ये
पुसा अर्ली बंचिंग	३५ ते ४५	५० ते ८० दाणे ८ ते ८.५	आयसीएआर - दिल्ली संशोधित सुधारित वाण, ४५ ते ६० दिवस भाजीसाठी, १६५ दिवसांत बी
पुसा कसुरी (चंपामेथी)	४० ते ६०	४० ते ८० दाणे ८ ते ८.५	रब्बीयोग्य, भाजी ४५ ते ६० दिवस, १६५ दिवसांत बी, सुधारित वाण
आरएमटी १	३० ते ४०	१०० ते १२० दाणे ८ ते ८.५	भाजी ४५ ते ६० दिवस, १६५ दिवसांत बी
मेथी नं. १४	३० ते ४०	७५ ते ९५ दाणे ८ ते ८.५	भाजी ४५ ते ६० दिवस, १६५ दिवसांत बी
मेथी नं. ४७	३० ते ४०	१०० ते १२० दाणे ८ ते ८.५	लोह जीवनसत्त्व जास्त, भाजी ४५ ते ६० दिवस, पालेदार, भरपूर उत्पन्न
कसुरी सिलेक्शन	४० ते ५०	४५ ते ६० दाणे ८ ते ८.५	१६५ दिवसांत बी, सुधारित, सुगंधित, काढणीस उशिरा येणारे वाण, आयसीएआरने उत्तर भारतासाठी विकसित केलेले, इतर जातींपिक्षा १० ते १५ दिवस उशिरा येते.
प्रभा			नागपूरची स्थानिक जात, मध्यम उंची, पाने-फांद्या भरपूर, रोगकिडींस प्रतिकारक
लाम सिलेक्शन	—	४५ ते ५० दाणे ८ ते ८.५	आंध्र प्रदेशचे वाण, भरपूर फांद्या, अत्यंत स्वादिष्ट, पाने पातळ
यूएम ११२			पानात डायोसगेजिन द्रव्य जास्त, सरळ वाढणारे, पाने - बियांसाठी उत्तम

इतर काही वाण

उत्पन्न (७५ ते ९५, दाणे ८ ते ८.५ क्विंटल / हेक्टर) : साधी मेथी, चंपा मेथी / कसुरी मेथी, प्लूम २०, इसी ४९१, सीएम ३८१, प्लूम ५५, प्लूम ५७

कोथिंबीर (धणे)

वाणाचे नाव	कालावधी (दिवस)	उत्पन्न (क्विंटल / हेक्टर)	वैशिष्ट्ये
एन ६५			
टी ५३६५	२५ ते ३० (हिरवी) ५० ते ६० (धणे)	८० ते १२०	स्थानिक व सुधारित वाण
एनपीजे १६			
स्थानिक वाण			
डीडब्ल्यूडी			
वैशाली			
जीसी १			
जीसी २	३० ते ३५	१५० ते २००	स्थानिक व सुधारित वाण
जीसी ३			
व्ही १			
व्ही २			
डी ९२	५० ते ६०	१०० ते १५०	स्थानिक व सुधारित वाण
सुगंधा २	३४ ते ४०	आकर्षक हिरव्या रंगाची सुगंधित पाने, उशिरा फुले येतात, त्यामुळे बाजारात मागणी जास्त, चांगली	

५० ते ६० दिवस कालावधीचे, हिरवी १० ते १२ क्विंटल / हेक्टर आणि धणे ५ क्विंटल / हेक्टर उत्पन्न असलेले सुधारित वाण : डी ९४, जे २१४, के ४५, पंजाब मल्टीकट, टी ५३६५, ग्वाल्हेर ५३६५, सीएस ३९०, सीएस ३६२, पंत हरिनमा, सिम्पीएस ३५, मोरकून ११०-१२०, दिल्ली लोकल, कोकण कस्तुरी, सीएस २, सीएस ४, सीएस ६, यूडी ४१, सीओ १, सीओ २, जळगाव धणे, वाई धणे, स्थानिक शिंपी, डीडब्ल्यूडी ३

राजगिरा

उत्पन्न (भाजी ८५ ते ९५, बी २०० ते २५० क्विंटल / हेक्टर) : कोईमतूर १, कोईमतूर २, कोईमतूर ३ , पुसा लहान, पुसा मोठी, अन्नपूर्णा, जीए १, फुले कार्तिकी

चाकवत

वाणाचे नाव	कालावधी (दिवस)	उत्पन्न (क्विंटल / हेक्टर)	वैशिष्ट्ये
स्थानिक वाण	३५ ते ४०	८० ते १००	–

पुदिना (मिंट)

जगात पुदिन्याच्या पेपरमिंट, स्पिअरमिंट, जपानी मिंट, बरगामोर मिंट अशा चार जाती आहेत.

वाणाचे नाव	कालावधी (दिवस)	उत्पन्न (क्विंटल / हेक्टर)	वैशिष्ट्ये (भारतातील स्थानिक जाती)
कोसी			मेंथॉलचे प्रमाण जास्त
कुकरेल	१०० ते ११०	१०० किलो पुदिना तेल	पेपरमिंट असणारी जात विशेष लोकप्रिय
हिमालय			मेंथॉल - मिंट असणारी एक चांगली जात
आरआरएल ११८१३			उत्तम जात, मेंथॉलचे प्रमाण ८० टक्के, बाजारात सर्वाधिक मागणी

■

वेलभाज्या

घेवडा / श्रावण घेवडा / फ्रेंच बीन्स / फरसबी

वाणाचे नाव	कालावधी (दिवस)	उत्पन्न (क्विंटल / हेक्टर)	वैशिष्ट्ये
फुले सुयश	९०	हिरवा ९०० ते १००० बी १०० ते १५०	सुधारित वाण
कन्टेंडर	९०	हिरवा ९०० ते १००० बी १०० ते १५०	खरीप व उन्हाळी हंगामासाठी योग्य, सुधारित वाण
फुले सुरेखा	९० ते ११०	हिरवा ९०० ते १००० बी १०० ते १५०	सुधारित वाण
वाघ्या	७५ ते ८०	१० ते १२	दाण्यासाठी, स्थानिक वाण, उत्तर भारतात 'राजमा' म्हणतात.
एचपीआर ३५ (मुठा)	–	–	सुधारित वाण, मागणी, भाव कमी
वरुण	७० ते ७५	को १२ ते १४ बा २२ ते २५	वाघ्या व मुठाचे संकरित वाण, १९९४मध्ये प्रसारित, राष्ट्रीय कृषी संशोधन प्रकल्प, गणेश खिंड, पुणे संशोधित वाण, पाणी ताण सहनशील, विषाणू रोगास कमी बळी पडतो, प्रथिने २३.३ टक्के, १८ ते २० शेंगा प्रति झाड
पुसा पार्वती	९०	४०० ते ५००	–
अर्का कोमल			

इतर काही वाण

कंटुकी वंडर, पंत अनुपमा, अर्का कोमल, जायंट स्ट्रिंगलेस, बुटकी लोन १

वाल

वाणाचे नाव	कालावधी (दिवस)	उत्पन्न (क्विंटल / हेक्टर)	वैशिष्ट्ये
कोकण भूषण	१८० ते २००	१२५ ते २००	बुटके, झुडूप आकाराचे वाण, सुधारित
फुले सुरुची	७० ते १२०	१०० ते १२०	बुटके, झुडूप आकाराचे वाण, सुधारित वाण
फुले गौरी	१८० ते २००	२०० ते २५०	उंच वाढणारे वाण, राहुरीचे सरळ वाण, खरीप-रब्बी हंगामासाठी, मांडवावर चढवावे, शेंगा पांढरट-हिरव्या रंगाच्या व चपट्या असून ७-९ सेंमी लांबीच्या
दसरा वाल	२०० ते २१०	१०० ते १२०	सुधारित वाण, दीपालीपेक्षा लवकर उत्पन्न देते.
दीपाली वाल	२०० ते २१०	८० ते १२०	वेलासारखे वाण
अर्काजय	१८० ते २००	८० ते १२०	झुडूप आकाराचे वाण
दसरा	१८० ते २००	१०० ते १२०	वेलासारखे, दीपालीपेक्षा लवकर पक्व होते.
फुले अश्विनी	१८० ते २००	१०० ते १२०	वेलासारखे वाढणारे, सुधारित महात्मा फुले कृषी राहुरीचे वाण
कोईमतूर १२	१०० ते १२०	१५० ते २००	—
फुले सुरेखा	—	—	राहुरी कृषी विद्यापीठाचे वाण
डीए ४५३	८५ ते ९०	—	—

इतर काही वाण
जीके १, जीके ३

वाणाचे नाव	कालावधी (दिवस)	उत्पन्न (क्विंटल / हेक्टर)	वैशिष्ट्ये
हिमांगी	१०० ते ११०	१६० ते १८५	१९९२मध्ये महात्मा फुले कृषी विद्यापीठ राहुरी संशोधित वाण, खरीप-रब्बीसाठी, लवकर येणारी जात, फळे पांढरी, करपा - केवडा रोगास प्रतिकारक
फुले शुभांगी (हिरवी)	१८० ते २००	१७० ते २००	करपा व केवडा रोग प्रतिकारक्षम, खरीप व उन्हाळी सुधारित वाण, राहुरी कृषी विद्यापीठ संशोधित
फुले प्राची	१८० ते २००	७५० ते १०००	संकरित वाण, शेतात व ग्रीन हाउससाठी योग्य, फळे लांब व सरळ, रंग पिवळसर
पूना खिरा	५९ ते ६०	१०० ते १५०	लवकर तयार होणारी जात, फळे पिवळट पांढरी, त्यावर तांबूस छटा, १५ सेंमी लांब, वजन १५० ग्रॅमपर्यंत प्रति फळ
शीतल	१०० ते १५०	२५० ते ३५०	कोकण कृषी विद्यापीठाचे वाण, सुधारित, फळे हिरवी व मध्यम लांबीची, वजन २०० ते २५० ग्रॅम, फळे काढल्यावर तीन दिवस टिकतात.
पुसा संजोग	१०० ते ११०	३०० ते ३०५	आयसीएसआर - नवी दिल्ली संशोधित वाण, फळे मध्यम आकाराची हिरवी, त्यावर पिवळसर चट्टे
प्रिया	१०० ते ११०	२०० ते २२०	इंडो अमेरिकन सीड, बंगळुरूचे वाण, फळे लांबट गडद हिरवी, उन्हाळी हंगामास योग्य

कारली

वाणाचे नाव	कालावधी (दिवस)	उत्पन्न (क्विंटल / हेक्टर)	वैशिष्ट्ये
फुले ग्रीनगोल्ड	१४० ते १५०	२०० ते २५०	सुधारित वाण, हिरवी काटेरी फळे, लांबी २२ ते २५ सेंमी
कोईमतूर व्हाईट लाँग	१४० ते १५०	१५० ते २००	हिरवी काटेरी फळे, लांबी २२ ते २५ सेंमी
हिरकणी	१४० ते १५०	१३०	सुधारित वाण, हिरवी काटेरी टिकाऊ फळे, लांबी २२-२५ सेंमी, खरीप-उन्हाळी हंगाम
कोकणतारा	१०० ते ११०	६० ते १००	सुधारित, हिरवी काटेरी फळे, लांबी २२ ते २५ सेंमी
पुसा दोमोसमी	१०० ते ११०	६० ते १००	काटेरी, हिरवी फळे, २२-२५ सेंमी लांबी
कल्याणपूर बारमासी	१४० ते १५०	—	वर्षभर घेता येते.
झारकेला	—	७५ ते ९०	पंजाब कृषी विद्यापीठाचे वाण
कोईमतूर लाँग ग्रीन	१४० ते १५०	६० ते १००	—
अर्का हरित	१४० ते १५०	६० ते १००	—
फुले प्रियांका	१८० ते २००	२०० ते २५०	—
कोकण हरिता	१८० ते २००	२०० ते २५०	—
व्हीके १	१४० ते १५०	—	—
फुले उज्वला	१४० ते १५०	—	—
पुसा विशेष	१४० ते १५०	—	—

दुधी भोपळा

वाणाचे नाव	कालावधी (दिवस)	उत्पन्न (क्विंटल / हेक्टर)	वैशिष्ट्ये
सम्राट	१८० ते २००	२००	सुधारित वाण, महात्मा फुले कृषी विद्यापीठ राहुरीचे वाण, फळांची लांबी कमी, वजन एक ते दीड किलो
पुसा नवीन	१४० ते १५०	२५० ते ३००	मागणी व भाव जास्त मिळतो
विपुल ७	८० ते ८५	१६० ते १९०	अंकुर सीड कंपनीचे वाण, फळे हिरवट, वजनदार, चवदार, वजन एक ते दीड किलो प्रति फळ
वरदान १६-१८	६० ते ६५	१६० ते १९०	कमी लांबीचे वाण, फळाचे वजन ८०० ते १००० ग्रॅम
ईश्वर (महाबीज ८१०)	६५ ते ७०	१००० ते १२००	आकर्षक, एकसारखे व फिकट हिरवे फळ
पुसा मंजिरी	१४० ते १५०	१०० ते १२०	—
पुसा मेघदूत	१४० ते १५०	२५० ते ३००	—
पुसा समर प्रॉलिफीक लाँग	१४० ते १५०	१५० ते १५५	—
प्रॉलिफिक लाँग	१२० ते १२५	१०० ते १२०	—
पुसा समर प्रॉलिफिक राउंड	१४० ते १५०	१५० ते १५५	—
बीटीजी	१२० ते १२५	१६० ते १९०	—
पुसा विश्वास	१४० ते १५०	३०० ते ४००	—
पुसा समर	१४० ते १५०	८० ते १००	—
अर्का बहार	१४० ते १००	४०० ते ५००	—

वाणाचे नाव	कालावधी (दिवस)	उत्पन्न (क्विंटल / हेक्टर)	वैशिष्ट्ये
सीओ १	१५० ते १५५	२९० ते ३००	कोईमतूर, तमिळनाडूचे वाण, उशिरा येते, फळे मोठी आकर्षक, वजन सात ते आठ किलो
सीओ २	५५ ते ६०	२३० ते २५०	खरीप व उन्हाळी हंगामाचे, कोईमतूर वाण, फळे आकाराने मोठी असतात.
अर्का चंदन	१२० ते १२५	३७५ ते ३५०	राजस्थानचे वाण, हळव्या प्रकारची, मध्यम आकाराची गोल फळे, गर घट्ट, फळाची साल फिकट हिरवी, वेलाला चार-पाच फळे, वाहतुकीत टिकतात, कॅरोटीन भरपूर
अर्का सूर्यमुखी	१०० ते १०५	२२५ ते २५०	फळे आकाराने लहान, सरासरी वजन एक किलो, फळे दोन्ही बाजूंनी चपटी, साल गडद नारिंगी व पिवळे, फळमाशी किडीस प्रतिकारक
सीएम १४	१४० ते १६०	२०० ते २५०	फळे गोलाकार व दोन्ही बाजूंनी चपटी, कोकणासाठी शिफारस
आयएचआर ८३-१-१-१	१७५	२०० ते २५०	मध्यम आकाराची, साल तपकिरी ते पिवळे, गोलाकार
सोलन बदामी	—	२०० ते २५०	—
रेड फ्लेश	१६० ते १८०	३०० ते ३५०	—
स्थानिक वाण	१५० ते १५५	१५० ते २००	—
पुसा विश्वास	१४० ते १६०	२०० ते २५०	—
पुसा विकास	१४० ते १६०	२०० ते २५०	—

कोहळा

वाणाचे नाव	कालावधी (दिवस)	उत्पन्न (क्विंटल / हेक्टर)	वैशिष्ट्ये
एस १	९० ते १६०	२५० ते ३००	पंजाब कृषी विद्यापीठाचे वाण
मुदलियार	९० ते १६०	२५० ते ३००	मद्रासचे वाण
सीओ १	९० ते १६०	२०५ ते २२५	

करटोली

वाणाचे नाव	कालावधी (महिना)	उत्पन्न (क्विंटल / हेक्टर)	वैशिष्ट्ये
स्थानिक वाण	दीड	एक ते दीड किलो / वेल (१०० ते १५०)	सप्टेंबरपर्यंत चार-सहा दिवसांच्या अंतराने काढण्या

खिरा (वाळुक)

वाणाचे नाव	कालावधी (महिने)	उत्पन्न (क्विंटल / हेक्टर)	वैशिष्ट्ये
उन्हाळी खिरा - पार्किन	दोन	९० ते १०५	वेली भरपूर वाढतात; पण फळ लहान असते.
पावसाळी खिरा	दोन	९० ते १०५	वजनाला जास्त, आकाराने मोठे वाळुक

चोपडा दोडका (गिलके)

वाणाचे नाव	कालावधी (दिवस)	उत्पन्न (क्विंटल / हेक्टर)	वैशिष्ट्ये
दिव्यांका	४० ते ४५	५०० ते ६००	जोमदार वाढणारी वेल, फळे आकर्षक - हिरवी, लांबी २० ते २५ सेंमी, खरीप व उन्हाळी हंगामासाठी योग्य
पुसा चिकनी	४० ते ४५	३२० ते ४००	—
पुसा सुप्रिया	४० ते ४५	३२० ते ४००	—
पुसा प्राजक्ता	४० ते ४५	३२० ते ४००	—

शिरी दोडका

वाणाचे नाव	कालावधी (दिवस)	उत्पन्न (क्विंटल / हेक्टर)	वैशिष्ट्ये
पुसा नसदार	७० ते ८०	१५० ते १७५	३० ते ४० सेंमी लांब, फिकट हिरव्या कोवळ्या शिरा असलेले वाण, दोन महिन्यांनी उत्पन्न सुरू, खरीप व उन्हाळी हंगामयोग्य, सुधारित, आयसीएआर - दिल्लीचे वाण
सीओ (कोईमतूर १)	१०० ते १२०	१५० ते २००	फळे ६० ते ७५ सेंमी लांब, तमिळनाडू कृषी विद्यापीठाचे वाण
कोकण हरिता	१४० ते २००	१५० ते २००	सुधारित, कोकण विद्यापीठाचे वाण, फळे ३० ते ३५ सेंमी लांब, ४५ दिवसांत उत्पन्न सुरू
फुले सुचिता	११० ते १२०	११० ते १५०	फळे ३० सेंमी लांब, वजन ९५ ग्रॅम, खरीप व उन्हाळी, प्रति वेल १८ ते २० फळे
सातपुतिया	६५ ते ७०	१५० ते १७०	नर-मादी एकाच फुलात, म्हणून फूलगळ होत नाही. फळे आकाराने लहान, पुंजक्यात, ६५ ते ७० दिवसांत उत्पन्न

वाणाचे नाव	कालावधी (दिवस)	उत्पन्न (क्विंटल / हेक्टर)	वैशिष्ट्ये
सीओ २ (कोईमतूर २)	६५ ते ७०	२५० ते ३००	तमिळनाडूचे वाण, ९० सेंमी लांब फळे, वजन ७०० ग्रॅम
सुरेखा	६५ ते ७०	२०० ते २५०	महिको कंपनीचे वाण
पंजाब सदाबहार	७० ते ७५	१५० ते २००	सर्वांत जास्त प्रथिने, वेल मध्यम पसाऱ्याचा, फळे २० सेंमी लांब, ३.५ सेंमी जाड, गडद हिरवीगार
एआरजीएच १	७० ते ७५	२२० ते २२५	अंकुर सीडचे वाण, फळे गडद हिरवी, मध्यम लांब, मादी फुले जास्त
उदयपूर सिलेक्शन	७० ते ७५	१८० ते २००	राजस्थान कृषी विद्यापीठाचे वाण, लागवडीनंतर ७० ते ७५ दिवसांनी उत्पन्न
महाबीज ६०२	५५ ते ६०	५०० ते ६००	भरपूर फळधारणा, अधिक काळ टिकणारे, फळ हिरवे, खरीप - रब्बी - उन्हाळी हंगामयोग्य

इतर काही वाण

खासगी कंपन्यांचे वाण : सुरेखा, ललीता, अंकुर ११९, ग्रीन गोल्ड, संगीता, अनामिका, एमआरजीएच ६

वाणाचे नाव	कालावधी (महिने)	उत्पन्न (क्विंटल / हेक्टर)	वैशिष्ट्ये
एच २२			
एच १६५			
श्री प्रकाश			
एस १३१०	आठ ते नऊ	२५० ते ३००	उष्ण कटिबंधातील वाण, ४.५ ते ६.५ सामू हवा
पेट्टीपुरम			
श्री विजय			
टीसी ५			
सीआय ६४९			
एच २२६	आठ ते नऊ	२५० ते ३००	महाराष्ट्रासाठी उत्तम वाण, ४.५ ते ६.५ सामू हवा
श्री साहिया	अकरा	३५० ते ४००	स्टार्चचे प्रमाण ३० टक्के, मध्यम प्रमाणात फांद्या
श्री जया (सीआय ६४९)	सात	२६० ते ३००	फेरपालटीसाठी उत्तम फांद्या, सरळ, खाण्यास चांगल्या
एम ४	दहा	१८० ते २३०	फांद्याविरहित, चव उत्तम
एच ११९	सात	३०० ते ३५०	फांद्याविरहित, चव उत्तम, फेरपालटीस योग्य
श्री विशाखम	दहा	३५० ते ३८०	मध्यम प्रमाणात फांद्या, स्टार्च २६ टक्के, कंदाचा रंग पिवळा, कॅरोटीनयुक्त

पडवळ

वाणाचे नाव	उत्पन्न (क्विंटल / हेक्टर)	वैशिष्ट्ये
कोकण श्वेता	१५० ते २००	डॉ. बाळासाहेब सावंत कोकण कृषी विद्यापीठ दापोली संशोधित वाण, फळे साधारण एक मीटर लांब, फळात गराचे प्रमाण अधिक, रंग हिरवट पांढरा व त्यावर तुटक रेषा
कोईमतूर १	१९० ते २००	फळे गडद हिरवी, त्यावर पांढरे पट्टे, लांबी ६० ते ७५ सेंमी
टीए १९	२० ते १४०	केरळ कृषी विद्यापीठाचे वाण, फळे हिरवी, लांबी ५० ते ६० सेंमी
कोईमतूर ४	२५० ते २७५	फळे गडद हिरवी, त्यावर पांढरे पट्टे, वेलीवर १० ते १२ फळे, लवकर तयार होणारे वाण, एका वेलीपासून पाच किलो फळ मिळते.
फुले वैभव	२८५ ते २९०	राहुरी कृषी विद्यापीठाचे वाण, भुरी - केवडा रोग प्रतिकारक, फळे पांढऱ्या रंगाची, देठाजवळ हिरव्या रेषा, फळे ९० ते १०० सेंमी लांब

पानवेल

वाणाचे नाव	उत्पन्न (क्विंटल / हेक्टर)	वैशिष्ट्ये
कपुरी	६००० ते १२००० पाने प्रति डाग ५०० ते ६०० डाग प्रति हेक्टर	राहुरी कृषी विद्यापीठाचे वाण, महाराष्ट्रात लागवड होते.
कृष्णा पान	६००० ते १२००० पाने प्रति डाग ६४० ते ७६० डाग प्रति हेक्टर	प्रचलित जातीपेक्षा २७ टक्के जास्त उत्पादन, पाने मोठी व जाड, टिकाऊपणा अधिक, आकर्षक, लंबगोल व शेंड्याकडे निमुळती पाने, फुले विद्यापीठाचे वाण

दर १५ दिवसांनी काढणी, ६००० ते १२००० पाने प्रति डाग, ५०० ते ६०० डाग प्रति हेक्टर : काली पत्ती, मीठा पान, मघई, बनारसी, देशावरी, बांगलावर्गीय पाने

कंदभाज्या

रताळी

वाणाचे नाव	कालावधी (दिवस)	उत्पन्न (क्विंटल / हेक्टर)	वैशिष्ट्ये
कोकण अश्विनी	१०० ते १२०	१५० ते १५५	सुधारित वाण
वर्षा			
पुसा सफेद	१०० ते १२०	१५० ते २००	
पुसा लाल			
पुसा सुनहरी			
सम्राट आणि कालमेघ	तीन ते चार महिने	१५० ते २००	सुधारित वाण
श्री वर्धिनी		१५० ते २००	
श्री नंदिनी			
आयजीएसजी			

बीटरूट

कालावधी (८० ते १०० दिवस) उत्पन्न (२५० क्विंटल / हेक्टर) : डेट्राईट डार्क रेड, क्रिमसन ग्लोब, क्रॉस बॉय, इजिप्शियन अर्ली वंडर

सुरण (जिमीकंद)

वाणाचे नाव	कालावधी (महिने)	उत्पन्न (क्विंटल / हेक्टर)	वैशिष्ट्ये
गजेंद्र	७ ते ८	३०० ते ३५० (६०० पर्यंत)	आंध्र प्रदेश कृषी विज्ञान केंद्र, राजेंद्रनगरचे वाण, कंद चांगले, घशात खवखव होत नाही.

७ ते ८ महिने कालावधीचे ३०० ते ३५० (६०० पर्यंत) क्विंटल / हेक्टर उत्पन्न देणारे वाण
श्री कीर्ती, श्री रूपा, श्री शुभ्रा, श्री प्रिया, श्री धन्य

मुळा

वाणाचे नाव	कालावधी (दिवस)	उत्पन्न (क्विंटल / हेक्टर)	वैशिष्ट्ये
धवलक्रांती	६०	१५०	आकार एकसारखा लांब व पांढराशुभ्र
पुसा देसी		१०० ते १२०	
सिंथेटिक			
पुसा रेशमी	४५ ते ६०	१२० ते २००	
जपानीज व्हाईट			
व्हाईट लाँग			
पुसा केतकी (चेतकी)			सुधारित जात, ७०० किलो बी मिळते
अर्का निशांत	३५ ते ४०	१०० ते १८०	
पुसा हिमानी	३५ ते ४०	१०० ते १८०	
पंजाब सफेद			
कल्याणपूर नं. १	४५ ते ६०	७५ ते २५०	
व्हाईट इमली			
रेजिटरेड व्हाय			

**४० ते ६० दिवस कालावधीचे , ७५ ते २५० क्विंटल / हेक्टर उत्पन्न देणारे, सुधारित जात, ७०० किलो
बी मिळणारे वाण :** जोनपुरी, चायनीज रोग, आयएचआरआय १, रॅपीड रेड

गाजर

वाणाचे नाव	कालावधी (दिवस)	उत्पन्न (क्विंटल / हेक्टर)	वैशिष्ट्ये
नानटेस चॅन्टनी	गडद लालसर नारिंगी रंगाचे आकर्षक गोल आकाराचे गाजर, मध्यम लांबी, स्वाद - चव उत्तम, चोथा कमी		
पी २९	मळकट नारिंगी रंगाचे, लहान असूनही उत्पादन भरपूर		
सिलेक्शन ५	आयएआरआय - दिल्लीचे दुय्यम संशोधन केंद्र, कत्रैन संशोधित वाण		
सिनो (उटकमंड)	उटकमंडची संशोधित जात, उत्पादन व प्रत उत्तम		
देशी ऑरेंज	नारिंगी रंगाची, चव गोड, लांब, उष्ण हवामानातही येतात.		
पुसा केसर	६० ते ८०	२०० ते ३००	आंतरमूळ लहान व नरम, पाने कमी, फुले उशिरा येतात, आयसीएआर - दिल्ली संशोधित वाण
नानटीस / नानटेन	६० ते ८०	२०० ते ३००	सारख्या आकाराचे, आतला भाग कमी कठीण, काढणीपूर्वी २० ते ३० दिवस पाणी बंद करावे, गोड, चोथा कमी
पुसा मेघाली			
देशी वाण			
एशियाई वाण ४	सारख्या आकाराचे, आतला भाग कमी कठीण, काढणीपूर्वी २० ते ३० दिवस पाणी बंद करावे, गोड, चोथा कमी		
युरोपीय गाजर वाण			

इतर काही वाण : ड्रानवर्म, कोअरलेस, इंपरेटर, स्ट्रीम लाईन, ऑक्सीहार्ट, पंजाब

अळू (चमकोरा)

वाणाचे नाव	कालावधी (दिवस)	उत्पन्न (क्विंटल / हेक्टर)	वैशिष्ट्ये
कोकण हरितपर्णी	६० ते ७५	१२५ ते १५०	आठ ते नऊ महिने तोडणी, कंद सहा महिन्यांत येतात.
स्थानिक जाती	—	१०० ते ११०	—

उत्पन्न (१२५ ते १५० क्विंटल / हेक्टर) : श्री पल्लवी, सरकाऊ सतमुखी, श्री रश्मी, गौरिया, देशी बेंडा, सूरज, गजेंद्र

मसाला पिके

ओवा, बडिशेप, जिरे या मसाला पिकांचा समावेश मानवी आहारात केला जातो. औषधी गुणधर्म, पाचकता, चवीची वृद्धी या गुणधर्मांसाठी वापराचे प्रमाण कमी असले तरी स्वयंपाकघरात गृहिणी हे पदार्थ वापरतात. या पिकांच्या योग्य जाती व त्यांची वैशिष्ट्ये शेतकऱ्यांच्या माहितीसाठी पुढे दिलेली आहे.

ओवा

वाणाचे नाव	कालावधी (दिवस)	उत्पन्न (क्विंटल / हेक्टर)	वैशिष्ट्ये
एएए ०१ ते १९	१५० ते १८०	१२ ते १३	लवकर तयार होणारी जात, विदर्भातील हवामानात भुरी रोगास कमी बळी पडते.
आरए १ ते ८०	१७० ते १८०	१० ते ११	लहान बी, बिहार राज्यातून विकसित झालेले, स्वाद अतिशय मधुर
लाभ सिलेक्शन	१३५ ते १४५	८ ते ९	आंध्र प्रदेशातून निवड पद्धतीने विकसित वाण, झाडाची उंची सरासरी ६० सेंमी
एए ०९ ते ६१	१७० ते १८०	१० ते ११	—
जीए ०१	१७० ते १८०	१० ते ११	—

बडिशेप

वाणाचे नाव	कालावधी (दिवस)	उत्पन्न (क्विंटल / हेक्टर)	वैशिष्ट्ये
आरएफ १०१	१३० ते १६०	१० ते १५	राजस्थान कृषी विद्यापीठाचे १९९३चे प्रसारित वाण
सीओ ०१	२१० ते २२०	१० ते १५	तमिळनाडू कृषी विद्यापीठाचे १९९५चे प्रसारित, उशिरा तयार होते, मिश्र शेतीसाठी चांगले वाण
सीओ १	२१० ते २२०	६ ते ७	तमिळनाडू कृषी विद्यापीठाचे वाण
गुजरात सौंफ २		१९ ते २०	सुगंधी तेलाचे प्रमाण २.४ टक्के असल्याने जास्त मागणी. गुजरात कृषी विद्यापीठाने १९९९मध्ये प्रसारित केलेले
आरएफ १२५	१३० ते १६०	१० ते १५	—
जीएफ ०१२	१३० ते १६०	१० ते १५	—

जिरे

वाणाचे नाव	कालावधी (दिवस)	उत्पन्न (क्विंटल / हेक्टर)	वैशिष्ट्ये
आरझेड १९	१३० ते १५०	५ ते ८	राजस्थान कृषी विद्यापीठाचे १९८८चे वाण, झाडे उंच वाढतात, गुलाबी फुले, मर ते करपा प्रतिकारक
आरझेड २०९	१३० ते १५०	५ ते ६	राजस्थान कृषी विद्यापीठाचे १९९५चे वाण
जीसी ०१	१०५ ते ११०	६ ते ७	गुजरात विद्यापीठाचे १९३८चे निवड पद्धतीचे वाण, मर रोग प्रतिकारक
जीसी ०२	१०५ ते ११०	६ ते ७	—

फळझाडे

मानवी आहारात फलाहार हा आरोग्यसंरक्षक समजला जातो. फळांपासून अन्नातील महत्त्वाचे घटक आपणास मिळतात, त्यामुळे आरोग्य सुधारण्यास मदत होते. कडधान्यांपासून मिळणाऱ्या उष्मांकांपेक्षा कितीतरी जास्त उष्मांक फळांपासून मिळतात. फळझाडांची उत्पादनक्षमतादेखील खूपच जास्त आहे. जेवढ्या जमिनीत आपण अन्नधान्यांची पिके घेतो, तेवढ्याच जमिनीत फळबाग लावल्यास ८ ते १० पट उत्पादन जास्त मिळते. फळझाडे बहुवर्षीय असल्यामुळे शेतीत लागणारे मजूर व इतर कुशल कर्मचारी यांना वर्षभर रोजगार मिळू शकतो. डोंगराळ भागात जमिनीची धूप थांबवण्यासाठी झाडांचा उपयोग होतो. कारण फळझाडे त्यांच्या मुळ्यांद्वारे माती धरून ठेवतात. तसेच, फलोत्पादन अनेक उद्योगांचा आणि कुटीर उद्योगांचा पाया समजला जातो. उदाहरणार्थ, आवळा व सीताफळ यांपासून पावडर, केळीपासून चिप्स, अत्तर व सुगंधी तेल काढणे, फळे हवाबंद करणे, पपईपासून पेपेज, रसायन, पेय तयार करणे.

फळझाडे बहुवर्षीय असल्यामुळे त्यांच्या लागवडीपासून पाच ते सात वर्षांपर्यंत, लागवड केलेल्या जमिनीत झाडे मोठी होईपर्यंत, मधल्या जागेत हंगामी पिके, भाजीपाल्यांची पिके घेऊन आर्थिक उत्पादन वाढवता येते. फळझाडांची निवड करताना लागवडीचा उद्देश, प्रक्रिया, फळविक्री, बाजारपेठ, सिंचन सोय, मनुष्यबळ, जमिनीची प्रत या सर्व बाबींचा अभ्यास करणे खूपच महत्त्वाचे आहे. कारण दीर्घ कालावधीसाठी शेतजमीन अडकून राहणार आहे, हे लक्षात घ्यावे. उत्साहाच्या भरात घेतलेला निर्णय चुकीचा ठरण्याचीही शक्यता असते.

संत्रा

वाणाचे नाव	आयुष्य (वर्षे)	उत्पन्न (फळे / झाड)	वैशिष्ट्ये
नागपूर संत्रा		७०० ते ८००	—
मुदखेड सीडलेस	१८ ते २५	८०० ते १०००	—
नागपूर सीडलेस		८०० ते १०००	—
किन्नो		८०० ते १०००	कमी बियांचे फळ

मोसंबी

वाणाचे नाव	आयुष्य (वर्षे)	उत्पन्न (फळे / झाड)	वैशिष्ट्ये
काटोल गोल्ड		८०० ते १०००	खुंट जंबेरीऐवजी ऑलिमोवर कलम
न्यूसेलर		७०० ते ९००	—
फुले मोसंबी	१८ ते २५	३०० ते ४००	—
सातगुडी		८०० ते १०००	—
राजा पिंप्री		८०० ते १०००	—
फुले मोसंबी (सिलेक्शन ४)	१८ ते २५	३०० ते ४०० फळे प्रति झाड प्रति वर्ष	रंगपूर (रंगपूर लाइम खुंटावर कलम)
नगर न्यूसेलर		८०० ते १०००	—

जांभूळ

वाणाचे नाव	आयुष्य (वर्षे)	उत्पन्न (फळे / झाड)	वैशिष्ट्ये
कोकण बहाडोली	५० ते ६०	५० ते १००	८-१० वर्षांनी उत्पन्न सुरू
गोकाक १	५० ते ६०	१०० ते १५०	—

इतर काही वाण : धारूर, जे ४२ (बिन बियांचे जांभूळ), स्थानिक, भाई जामून, राही

लिंबू

वाणाचे नाव	आयुष्य (वर्षे)	उत्पन्न (फळे / झाड)	वैशिष्ट्ये
कागदी लिंबू	१५ ते २०	२००० ते ३०००	सर्वांत लोकप्रिय जात, पातळ साल, रसदार
साई सरबती	१५ ते २०	४७ टन / हेक्टर २५०० ते ३००० फळे/ झाड/वर्ष	सुधारित जात
फुले सरबती	१५ ते २०	५३ टन / हेक्टर २५०० ते ३००० फळे/ झाड/वर्ष	सुधारित जात
एनआरसीसी ७	१५ ते २५	४०६९ (१९४ कि) ४२६६ (२१६ कि)	रसाचे प्रमाण ५० टक्के, सुधारित वाण
पीडीकेव्ही लाइम	१५ ते २०	२००० ते ३०००	—
प्रमालिनी			—
विक्रम			—
पीकेएम १	१५ ते २५		—

इतर काही वाण : एनआरसीसी ८, चक्रधर, तेनाली, जयदेवी, स्थानिक, सदाबहार बारमाही

अंजीर

वाणाचे नाव	उत्पन्न (फळे / झाड)	वैशिष्ट्ये
पूना अंजीर (फिग)	२५ ते ३० किलो	—
दिनकर	२५ ते ३० किलो	—
फुले राजेवाडी	पाच वर्षांनी २५ ते ३० किलो	उत्कृष्ट वाण
डियाना	२५ ते ३० किलो	—
दौलताबाद	—	—
बेंगलोर	—	—

आंबा

वाणाचे नाव	आयुष्य (वर्षे)	उत्पन्न (फळे / झाड)	वैशिष्ट्ये
केशर	२५ ते ४०	५०० ते १०००	नंतर ३०० ते ५०० फळ / झाड
निरंजन मल्लिका	२५ ते ६०	५०० ते १०००	—

कोकण विभाग : हापूस, रत्ना, केशर, पुसा, प्रतिभा योग्य वाण

मराठवाडा विभाग : केशर, निरंजन, लंगडा, पायरी, नीलम योग्य वाण

विदर्भ विभाग : नागीन, केशर, पायरी, नीलम, तोतापुरी, दशेरी, बेनिशान योग्य वाण

इतर काही वाण

एलपॉजी, चौसा मालदा, जर्दाळू, बॉम्बे ग्रीन, गुलाब खास, मलिदाबादी, सुवर्णा, कोकण सम्राट, बेनिशान

साधारण २५ ते ४० वर्षे आयुष्य आणि ५०० ते १००० फळे प्रत्येकी झाड देणाऱ्या जाती : दशेरी, आम्रपाली, पायरी, लंगडा, मल्लिका, रत्ना, वनराज, साई सुगंध, तोतापुरी, सिंधू, फुले अभिरुची (लोणच्यासाठी कैऱ्या उत्तम), नीलम, परभणी भूषण, हापूस, रायवळ, बनारसी, सफेदा, समर बहिश्त

केळी

वाणाचे नाव	आयुष्य (महिने)	उत्पन्न (फळे / झाड)	वैशिष्ट्ये
बसराई (देशावर)	१४ ते २०	सरासरी १५ ते २५ कि/झाड ३० ते ४० टन/हेक्टर	—
अर्धापुरी			
ग्रँड ९	१४ ते २०	सरासरी २५ ते ३५ कि/झाड	उती संवर्धित वाण
फुले प्राईड (बीआरएस २०१३-३)		६० ते १०० टन/हेक्टर	नवीन संशोधित वाण
नेंद्रन	—		वेफर्ससाठी उत्तम वाण

इतर काही वाण

साधारण ६० ते १०० टन प्रति हेक्टर फळे देणाऱ्या जाती : श्रीमंती, कोकण सफेद, हरसाल, सफेद वेलची, महालक्ष्मी, देशी केळी

वाणाचे नाव	उत्पन्न (फळे / झाड)	वैशिष्ट्ये
सीओ १		—
सीओ २		पेपेनसाठी उपयुक्त वाण
सीओ ३	३० ते ७० (४० ते ५० किलो)	—
सीओ ५		नर-मादी फुले वेगवेगळ्या झाडांवर
सीओ ६		पेपेनसाठी उपयुक्त वाण
सीओ ७		उभयलिंगी वाण
रेड लेडी		—
तैवान हायब्रीड ७८६	५० ते १०० फळे १ मीटर उंचीवर	तैवान येथून आयात केलेले, याला 'डिस्कोही' म्हणतात. सर्व झाडांना फळे लागतात, फळे लांबोळी - जाड गराची - गोड - स्वादिष्ट, बाजारभाव चांगला, बिया कमी, टिकवणक्षमता १५ दिवस, परदेशी निर्यातयोग्य
कुर्ग हनीड्यू (मधुबिंदू)	३० ते ७० (४० ते ५० कि/झाड)	उभयलिंगी झाड, फळे चविष्ट, लहान, गुजराती लोकप्रिय
वॉशिंग्टन	३० ते ७० ८०० ते १००० क्विं/हे	नर-मादी फुले वेगवेगळ्या झाडांवर
पुसा डेलिसियस (पुसा १-१५)	३० ते ७० (४० ते ५० कि/झाड)	उभयलिंगी वाण
पुसा डॉर्फ (पुसा १-४५डी)		नर-मादी फुले वेगवेगळ्या झाडांवर
पुसा नन्हा		
पुसा जायंट (पुसा १-४५)		
सनराईज सोलो		उभयलिंगी वाण
अर्का प्रभात		उभयलिंगी वाण
पुसा मॅजेस्ट्री (२२०३)	३० ते ८० (४० ते ८० किलो)	पेपेनसाठी उपयुक्त वाण

वाणाचे नाव	उत्पन्न (फळे / झाड)	वैशिष्ट्ये
रांची		दक्षिण भारतात लोकप्रिय, फळे स्वादिष्ट व जाड गराची असून कमी उंचीवर लागतात.
फुले प्राईड		राहुरी कृषी विद्यापीठाचे वाण (नवीन प्रसारित)
कार्लेंट प्रिन्सेस (जपान)		तैवान ७८६ वाणासारखे गुणधर्म, पिवळा विषाणू - मोसेक विषाणूस प्रतिकारक
सूर्या (आयआयएचआर)	७० ते ८५ ५० ते ६५ कि/हे	आयआयएचआर - दिल्लीचे वाण, उंची कमी
पुसा नना	५० ते ८० (८० ते १०० टन/हे)	—

इतर काही वाण

पुसा डेली सिझर, लाखाणी, श्रीमंती, मधुबिंदु पुसा, गुजराथी, बोरवाणी, पंत पपया १, पंत पपया २, पंत पपया ३, फुले विजया (जीकेपीएस २-७), फार्म सिलेक्शन १, आयआयएचआर (पिंक फ्लेश सिलेक्शन), पेरिडिनिया, फिलीपिन्स (एमएफ १)

पेरू

वाणाचे नाव	आयुष्य (वर्षे)	उत्पन्न (फळे / झाड)	वैशिष्ट्ये
सरदार एल ४९ (लखनौ ४९)		७५० ते १५०० ३०० ते ४०० / हे	चार वर्षांनंतर २०० ते ७०० फळे / झाड
अलाहाबाद सफेदा		२०० ते ७००	
अर्का मृदुला (एस ८)	२० ते ३०	२०० ते ७०० ३०० ते ४०० क्विं/हे	
ललित		७०० ते १५०० ३०० ते ४०० क्विं/हे	—
श्वेता			—

इतर काही वाण

सफेदा, हिरजा, धारवाड, सीडलेस, हाफजी, चित्तीदार, लाल पेरू, सिलेक्शन २, संकरित १, स्थानिक जाती - नाशिक, स्था. जाती - धारवाड, स्था. जाती - कोथरूड, व्हीएनआर, थाई पिंक, थाई ७, जीविलास

आवळा

वाणाचे नाव	आयुष्य (वर्षे)	उत्पन्न (फळे / झाड)	वैशिष्ट्ये
फ्रान्सिस		आठ वर्षांनी फळे मोठी होतात; पण आतून कीड लागते.	
कृष्णा		५० ते ७५ कि/झाड	—
कांचन	२० ते २५	१०० ते १२५	—
चकैय्या		२५० ते ३०० ७५ ते १०० कि/झाड	लोकप्रिय वाण, भरपूर उत्पन्न, फळ चपटे, रेषा जास्त
नीलम		७५ ते १००	—
एनए १०			—
बनारसी	२० ते ३५	१०० ते १२५ कि/झाड	साठवणीस उत्तम; पण उत्पन्न कमी
रायआवळा			महाराष्ट्रातील स्थानिक वाण, लहान फळे, जास्त तुरट, फळाचा रंग फिकट पिवळा
नरेंद्र ६		फळ आकार चांगला, रेषा कमी, फळ तिसऱ्या वर्षी येते, नरेंद्र देव कृषी विश्वविद्यालय - फैजाबादचे वाण	
नरेंद्र ७		फांद्या नाजूक, फोफशा असतात, आधार द्यावा लागतो, पाचव्या वर्षी फळे लागतात.	
लाल आवळा		फळ छोटे, टणकपणा जास्त, उत्तर प्रदेशात लोकप्रिय	
कंचन (एनए ५)		फळाचे वजन ३०-३२ ग्रॅम, औषधी, मोठे झाड, भरपूर फळे, जीवनसत्त्वे भरपूर	
कृष्णा कांचन (एनए ४)	—	७५ ते १२५ किलो	सर्वोत्तम जात, क जीवनसत्त्व प्रमाण अधिक, पाच वर्षांनी उत्पन्न सुरू, काटक वाण, फळ लहान, एका किलोत ५५-६० फळे, बाजारात मागणी नाही.

साधारण २० ते २५ वर्षे आयुष्य असणाऱ्या, १०० ते १२५ किलो फळे प्रति झाड देणाऱ्या जाती :
एनए ७ (नरेंद्र), एनए १६ (नरेंद्र), आनंद १, आनंद २

वाणाचे नाव	आयुष्य (वर्षे)	उत्पन्न (फळे / झाड)	वैशिष्ट्ये
बाळानगर	१५ ते २५	पाचव्या वर्षापासून ५० ते १०० फळे / झाड	फळ संशोधन केंद्र - संगारेड्डी, हैदराबाद संशोधित वाण, फळाचे वजन २५० ते ५०० ग्रॅम, साखर २० ते २२ टक्के, गराचे प्रमाण २५ ते ३५ टक्के
अरका सहान	१५ ते २५	५०० ते १००	संकरित वाण, बंगळूरू प्रसारित, फळाचे वजन २५० ते ७०० ग्रॅम
ॲनोना हायब्रीड नं. २	१५ ते २५	६ ते ७ किलो / झाड	हनुमान फळ किंवा कमी बियांचे सीताफळ, गणेशखिंड - पुणे संशोधित, वजन ५०० ते २५०० ग्रॅम, साखर २८ ते ३० टक्के, गर जास्त ७० ते ७५ टक्के
फुले पुरंदर	–	–	स्थानिक वाण
टीपी ७	२० ते २५	५० ते १००	२०००मध्ये प्रसारित, फळाचे वजन ४०० ते ५०० ग्रॅम, साखर २८ टक्के, फळे ७० ते १०० प्रति झाड
धारूर ६	२० ते २५	५० ते १००	स्थानिक वाण
फुले जानकी	–	पाच वर्षांनी २५ ते ३० किलो / झाड	–
एनएमके १ (गोल्डन)	दोन वर्षांनंतर फळे येतात, नवनाथ कसपटे, बार्शी यांचे संशोधित वाण, उत्तम वाण, बाजारात सीताफळे नसताना विक्रीसाठी उपलब्ध म्हणून चांगला भाव, टिकवणक्षमता जास्त, साखर २२ ते २४ टक्के, गर ४५ ते ५० टक्के, ३०० ते ९०० ग्रॅम वजन प्रति फळ, तडे जात नाहीत.		
एनकेएम २	रंग काळपट लाल, ५० ते १०० ग्रॅम वजन, बिया जास्त, साखर २० ते २२ टक्के, उंची कमी, प्रयोगावस्थेत आहे.		
एनकेएम ३	फळे ४०० ते १२०० ग्रॅम, साखर २२ ते २४ टक्के, गर ४० ते ५० टक्के, टिकवणक्षमता कमी, साल नाजूक, अयोग्य आहे.		

वाणाचे नाव	आयुष्य (वर्षे)	उत्पन्न (फळे / झाड)	वैशिष्ट्ये
एनकेएम ४	फळांना चकाकी, वजन ३०० ते ६०० ग्रॅम, फळे तडकतात.		
ॲनोना ७	उशिरा येणारी जात, फळाचे वजन एक ते दीड किलो, बिया कमी, फळे कमी / झाड, आकार असमान, बाजारपेठ नाही.		
मेमॉथ	वेस्ट इंडिजचे वाण, हृदयाकृती आकार, वजन १८० ते २०० ग्रॅम, गर ४४ टक्के, साखर २५.२७ टक्के		
लाला सीताफळ	फळाचा बाहेरून लाल रंग, वजन २५० ते ७०० ग्रॅम, साखर २३ ते २५ टक्के, फळ कमी टिकाऊ असते.		
चांदसिली	फळाचा आकार बाळानगरच्या दुप्पट, फळाचे वजन ३०० ते ११०० ग्रॅम / झाड		
इतर काही वाण दौलताबाद, ॲटोमोथा, सुपर गोल्डन			

कलिंगड (टरबूज)

वाणाचे नाव	कालावधी (दिवस)	उत्पन्न (क्विंटल / हेक्टर)	वैशिष्ट्ये
शुगर बेबी	१०० ते १२५	२५० ते ३५०	सुधारित वाण, गोल व लहान फळे, वजन तीन ते पाच किलोपर्यंत, फळे गडद हिरव्या रंगाची, त्यावर काळे पट्टे असतात. गर गडद लाल रंगाचा, गोड, खुसखुशीत असतो, साखरेचे प्रमाण ११ ते १३ टक्के
असाही यामाटो	१४०	२५० ते ३००	सुधारित जात, जपानहून आणली, फळे मध्यम आकाराची, सात ते आठ किलो वजनाची, सालीचा रंग फिकट हिरवा असून गर गडद गुलाबी असतो.
अर्का ज्योती	९० ते १२०	५०० ते ६००	संकरित वाण, भारतीय बागवानी संशोधन संस्था बंगळुरू, फळे गोल, सहा ते आठ किलोची, रंग फिकट त्यावर गडद हिरवे पट्टे, गर गोड, फळे टिकतात.

वाणाचे नाव	कालावधी (दिवस)	उत्पन्न (क्विंटल / हेक्टर)	वैशिष्ट्ये
अर्का माणिक	९० ते १२०	३०० ते ३५०	सुधारित जात, भुरी व केवडा रोग प्रतिकारक, फळे लांबट गोल, त्यावर गडद हिरवे पट्टे, फळाचा गर गुलाबी व गोड, फळ वजन सहा किलोपर्यंत, साखर १० ते ११ टक्के
दुर्गापूर मीठा	१०० ते १२०	–	–
दुर्गापूर केशर	१०० ते १२०	२०० ते ३५०	सुधारित जात
पाटानेग्रा	–	–	इंडो-अमेरिकन सीड कंपनी, बंगळुरूची जात
इतर काही वाण			
न्यू हँपशायर बिजेट, मधु, मीलन, अमृत, नाथ १०१, सनतृप्ती, नामधारी, नाथ अपूर्व, नाथ माधुरी, महिको			

खरबूज

वाणाचे नाव	कालावधी (दिवस)	उत्पन्न (क्विंटल / हेक्टर)	वैशिष्ट्ये
पुसा सरबती	८० ते १००	२०० ते २५०	सुधारित जात
दुर्गापुरा - मधु	८० ते १००	२०० ते २५०	सुधारित वाण
हरा मधु	८० ते १००	२०० ते २५०	सुधारित वाण
पंजाब सुनहरी	८० ते १००	२०० ते २५०	राहुरी विद्यापीठाचे वाण, सुधारित जात
अर्का राजहंस	१०० ते १२०	१०० ते १५०	सुधारित वाण
अर्का जीत	१०० ते १२०	१०० ते १५०	सुधारित वाण
पुसा मधुरस	१०० ते १२०	१०० ते १५०	सुधारित वाण
स्थानिक	१०० ते १२०	८० ते १००	सुधारित जात
मधु	–	–	–

द्राक्षे

वाणाचे नाव	आयुष्य (वर्षे)	उत्पन्न (फळे / झाड)	वैशिष्ट्ये
शरद सोनाक्का			१९८०मध्ये प्रसारित वाण
कृष्णा शरद		सरासरी ८ ते १० किलो / वेल २०० ते ४०० क्विं/हे	१९९०मध्ये प्रसारित
सरिता सीडलेस	२० ते २२		२००३मध्ये प्रसारित
नानासाहेब पर्पल			२००८मध्ये प्रसारित
मेडिको			फ्लेम सीडलेस व रुबी सीडलेसचा संकर

साधारण २० ते २२ वर्षे आयुष्य असणाऱ्या, सरासरी ८ ते १० किलो प्रति वेल किंवा २०० ते ४०० क्विंटल प्रति हेक्टर फळ देणाऱ्या जाती : थॉमसन सीडलेस, तास-ए-गणेश, रेड ग्लोब, माणिक चमन, शरद सीडलेस, फ्लेम सीडलेस, अनाबेशाही, बंगलोर पर्पल, खलीली, भोकरी, कंधारी, अगाई, नान-गणेश, मांजरी नवीन, वनटेन आर, फॉस्टर सीडलिंग

डाळिंब

वाणाचे नाव	आयुष्य (वर्षे)	उत्पन्न (फळे / झाड)	वैशिष्ट्ये
गणेश		१८० ते २००	—
फुले भगवा सुपर		१७२ क्विं/हे	—
एनआरसीपी ११०६	२० ते २२	—	३० एप्रिल २०१७ रोजी डाळिंब संशोधित केंद्र - सोलापूरद्वारे प्रसारित, भगव्यापेक्षा लवकर फळे येतात, लोहाचे प्रमाण जास्त, गडद भगवा रंग, भगवा (मादी) × गणेश (नर) यांचा संकर वाण
पोमोवंडर		४५ टन/हेक्टर	इस्त्रायली जात

साधारण २० ते २२ वर्षे आयुष्य असणाऱ्या जाती : जी १३७, मृदुला, भगवा, फुले अनारदाणा (अनारदाणा करण्यासाठी), पी २३, पी २६, ज्योती, रुबी, भगवा अर्ली (नंदिनीरत्न), आळंदी, काबूल, कंधारी, मस्कत रेड, ढोलका, पेपरशेठ

नारळ

वाणाचे नाव	आयुष्य (वर्षे)	उत्पन्न (फळे / झाड)	वैशिष्ट्ये
बाणावली (वेस्ट कोस्ट टॉल)	८० ते १००	८० ते १०० / १५०	उंच जात, तेलाचे प्रमाण ७२ टक्के
प्रताप		१०० ते १५०	—
लक्षद्वीप		८० ते १००	—
ऑर्डिनरी (चंद्रकल्प)			—
ऑरेंज डॉर्फ			ठेंगू जात
ग्रीन डॉर्फ	८० ते १००	८० ते १००	ठेंगू जात
यलो डॉर्फ			शहाळ्यासाठी चांगली
फिलीपिन्स ऑर्डिनरी		१०० ते ११०	—
टी × डी (केरा संकर)	३० ते ३५	१०० ते १६०	संकरित वाण
डी × टी (चंद्र संकर)	३० ते ३५	११० ते १२०	चार-पाच वर्षांनी फळे लगतात.
चौघाट ऑरेंज	—	—	—

कवठ

वाणाचे नाव	आयुष्य (वर्षे)	उत्पन्न (फळे / झाड)	वैशिष्ट्ये
एल्लोरा (सीएच १९)	३० ते ३५	१५० ते २००	—
स्थानिक	३० ते ३५	१०० ते १२५	—

रामफळ

स्थानिक जाती : आयुष्य ३० ते ३५ वर्षे : फळे प्रति झाड : १०० ते १५०

बोर

साधारण २५ ते ३५ वर्षे आयुष्य असणाऱ्या, ७५ ते १००, १५० ते २०० किंव/हे फळ देणाऱ्या जाती :
उमराण, गोला, कडाका, छुआरा, मेहरून, नरेंद्र बोर १, सन्नूर चुहारा (चौहारा), इलायची, मुक्ता

चिंच

साधारण ७५ ते १०० वर्षे आयुष्य असणाऱ्या, ५० ते १५० किलो प्रति झाड फळ देणाऱ्या जाती :
प्रतिष्ठान नं. २६३, अकोला स्मृती, योगेश्वरी, अजिंठा, पीकेएम १, शिवाई, पडी, अजंठा गोड चिंच (पाच-सहा वर्षांनंतर उत्पन्न)

चिकू

साधारण ४० ते ६० वर्षे आयुष्य असणाऱ्या, १५०० ते ३००० फळे प्रति झाड देणाऱ्या जाती : काली पत्ती, क्रिकेट बॉल, सीओ १, छत्री, डीएचएस १, डीएचएस २, कोडूर १, कोडूर २, पीकेएम १

फणस

इतर काही वाण
ग्रफेड लाल, ग्रफेड पिंक
साधारण ४० ते ५० वर्षे आयुष्य असणाऱ्या, २५ ते ३० फळे प्रति झाड देणाऱ्या जाती : बरका, कापा, स्थानिक

काजू

वेंगुर्ला १, वेंगुर्ला ४, वेंगुर्ला ५, वेंगुर्ला ६, वेंगुर्ला ७, वेंगुर्ला ८, जय अंबे

स्ट्रॉबेरी

स्वीट चार्ली, कॅमेरोझा, विंटरडॉन, सेल्वा, चांडलर

करवंद

कोकण बोल्ड, बोरबेट (कोल्हापूर), स्थानिक

अननस

क्यू, क्वीन, मॉरिशियस जॉईंट

■■■

फूलझाडे

प्रगतिशील शेतकरी शेतीतून अन्नधान्य पिकांसोबत आर्थिक उत्पन्न वाढवण्यासाठी फूलशेतीचा पर्याय निवडत आहेत. विविध प्रकारच्या फुलांची वर्षभर मागणी असते. दसरा, दिवाळी, सणवार, पूजाअर्चा, अंत्यविधी, धार्मिक व सामाजिक समारंभ, राजकीय सत्कार, व्हॅलेंटाईन डे, वास्तुशांती, घराची सजावट असे कार्यक्रम वर्षभर कुठे ना कुठे शहरात सुरूच असतात. त्या वेळी फुलांना प्रचंड मागणी असते.

नियार्तक्षम, गुणवत्तायुक्त पुष्पोत्पादन हरितगृहांमध्ये, पॉलीहाउसमध्ये करून कमी क्षेत्रात अधिक उत्पन्न मिळवण्याकडेही उद्योजकांचा कल वाढला आहे. हा दृष्टिकोन लक्षात घेऊन महत्त्वाच्या फूलपिकांची माहिती येथे दिली आहे.

गुलाब

सरासरी तीन ते चार लाख फुले/हेक्टर किंवा १९० ते २३० फुले / वर्ष / चौरसमीटर लागवडीनंतर सहा महिन्यांनी फुले काढणीस सुरुवात होते.	
लाल गुलाब	ग्लॅडिएटर, टोरा, पापा मिलांद, सोफिया लॉरेन्स, ख्रिश्चन डायर, एव्हान, मिस्टर लिंकन, ख्रिसमस ग्लोरी
पिवळा गुलाब	लांडोरा, गंगा, किंग्ज रॅमसन, सनकिंग, समर सनशाईन, होकोट, माबेला, डच गोल्ड
गुलाबी गुलाब	फर्स्ट प्राईज, क्विन एलिझाबेथ, मारिया, फ्रेंडशीप, डॉ. बी. पी. पॉल, मृणालिनी, पीटर फ्रँकन फिल्ड
निळा व जांभळा गुलाब	ब्ल्यू मून, लेडी एक्स, नीलांबरी, पॅराडाईज

५० ते ६० गुलाब प्रति झाड / प्रति वर्ष । लागवडीनंतर सहा महिन्यांनी तोडणीस येतात.	
केशरी गुलाब	समर हॉलिडे, फोकलोर, लारा, सुपर स्टार
बहुरंगी गुलाब	डबल डिलाईट, पीस, सी पर्ल, अमेरिकन हेरिटेज, लव्ह, अभिसारिका, टाटा सेनेटरी
सुगंधित गुलाब	ओकलोहोमा, सुगंधा, क्रिमसन ग्लोरी, ॲवान, आयफेल टॉवर, परफ्यूम डिलाईट, काकलोर, रेड मास्टर पीस, सुपर स्टार, ग्लेडिएटर, हॉनर, लव्ह स्टोरी, लांडोरा
इतर गुलाब	कॉनफिट, टिनाके, गोल्डन स्ट्राईक, स्कायलाईन, बियांका, टेम्प्टेशन, पॅशन, नोबलिस, बोर्डो (सुपरस्टार व सामुराई)

शेवंती

वाणाचे नाव	उत्पन्न (क्विंटल/हेक्टर)	वैशिष्ट्ये
पीकेव्ही शुभ्रा	७० ते ८० क्विंटल / हेक्टर सरासरी ७ ते १३ टन सुटी फुले	हळव्या जातीची फुले सप्टेंबर-ऑक्टोबरमध्ये, तर गरव्या जातीची फुले नोव्हेंबर-डिसेंबरमध्ये तयार होतात.
७० ते ८० क्विंटल / हेक्टर किंवा सरासरी ७ ते १३ टन सुटी फुले देणाऱ्या जाती : राजा, पिवळी रेवडी, सोनाली तारा, बग्गी, बिरबल सहानी, आयआयएचआर ४, झिप्री, यलो गोल्ड, चांरणी, पुसा अनमोल, पुसा सेंटेनरी, रतलाम, संकर १, पांढरी रेवडी, गुलदस्ता		

गिलार्डिया

वाणाचे नाव	उत्पन्न (क्विंटल/हेक्टर)	वैशिष्ट्ये
पीकेव्ही शुभ्रा	७० ते ८० क्विंटल / हेक्टर सरासरी ७ ते १३ टन सुटी फुले	हळव्या जातीची फुले सप्टेंबर-ऑक्टोबरमध्ये, तर गरव्या जातीची फुले नोव्हेंबर-डिसेंबरमध्ये तयार होतात.
इतर काही वाण : पिक्टा फिक्स, फुलझरी, मुरगुंडी **५० ते ६० क्विंटल प्रति हेक्टर उत्पन्न देणारी, एकेरी पाकळ्याची जात, दोन महिन्याने तोडणी :** इंडियन चीफ, डॅझलर, टेस्टा, फिएस्टा **५० ते ६० क्विंटल प्रति हेक्टर उत्पन्न देणारी, दुहेरी पाकळ्याची जात, दोन महिन्याने तोडणी :** रिगॅलिस, सरमुनी, पिक्टा लोरेन्झियाना, ग्रँडी फ्लोरा		

झेंडू

दोन महिन्यांनी ५० ते ५५ क्विंटल/हेक्टर फुले देणाऱ्या जाती	
आफ्रिकन जाती (उंच वाढणाऱ्या जाती)	केसरी, क्रॅकरजॅक, यलो सुप्रीम, हवाई अलास्का, पुसा नारंगी गेंदा, पुसा बसंती गेंदा
फ्रेंच जाती (बुटक्या जाती)	पाईन अॅपल, क्रश क्वीन खोकी, स्प्रे, बटरबॉल, रेड ब्रोकेड, पुसा अर्पिता (फ्रान्सीसी गेंदा), ऑरेंज ट्रेझंट
इतर जाती	आफ्रिकन टॉल, कलकत्ता झेंडू यलो, कलकत्ता झेंडू ऑरेंज
फ्रेंच झेंडू	लेमन ड्रॉप, फ्रेंच डबल मिक्स
१०० ते १५० क्विंटल प्रति हेक्टर फुले देणाऱ्या संकरित जाती : जिप्सी, रेड हेड, इका ऑरेंज, इका यलो, पुसा नारंगी गेंदा	
५० ते ५५ क्विंटल प्रति हेक्टर फुले देणाऱ्या संकरित जाती : बेंगलोर लोकल, परभणी लोकल, ऑरेंज क्रश	

ऑस्टर

४० ते ४५ लाख फुले/हेक्टर किंवा ६० ते ८० क्विंटल/हेक्टर फुले देणाऱ्या जाती			
फुले गणेश व्हाईट	फुले गणेश व्हायोलेट	कॉमेट	शशांक
फुले रजनी	फुले गणेश पर्पल	आळंदी	फुले ब्ल्यू
शृंगार	रामकाठी	मिश्र	सुहासिनी
प्रज्वल	ऑस्ट्रिच प्लम	कामिनी	वैभव
फुले गणेश पिंक	पावडर पफ	पूर्णिमा	एसटी १

निशिगंध

सात ते आठ लाख फूलदांडे किंवा ७० ते ८० क्विंटल सुटी फुले प्रति हेक्टर देणाऱ्या जाती
दर तीन ते चार महिन्यांनंतर फूलदांडे काढतात. आठ ते नऊ महिने काढणी सुरू राहते.
एकेरी पाकळ्यांचा वाण : रजतरेखा, श्रीनगर, खप्रज्वल, फुले रजनी
दुहेरी पाकळ्यांचा वाण : सुवर्णरेखा, डबल पर्ल, सुवासिनी, वैभव, शृंगार, सजत, कलकत्ता सिंगल

मोगरा

३० ते ५० क्विंटल प्रति हेक्टर फुले देणाऱ्या, एकेरी पाकळ्या असलेल्या जाती
(तीन ते चार वर्षांनी उत्पन्न देणाऱ्या)

सिंगल व डबल मोगरा : खोया, हजारी बेला, मोतिया बेला, गुंडुमल्ली (गुंडुमलाई), मदनबाण, अर्का आराधना, बटमोगरा, वसई, रामबनम, विरुपक्षी, बेला

ग्लॅडिओलस

दोन ते अडीच लाख फुलदांडे / हेक्टर देणाऱ्या, ६० ते ९० दिवसांनी फुले येणाऱ्या जाती

फुले गणेश, फुले प्रेरणा, फुले नीलरेखा, सुचित्रा, यलो स्टोन, संसरे, फुले तेजस, पीडीकेव्ही रोहिणी, पूनम, सपना, व्हाईट फ्रेंडशीप, नजराणा, ब्ल्यू बर्ड, डेबोनेर, सिलेक्शन १, फिस्टर, ऑस्कर, पुसा शुभम, पुसा किरण, एचपी पीट, अपसरा, व्हाइट प्रोस्पेरिटी, मीरा सपना

जरबेरा

तीन महिन्यांनी उत्पन्न सुरू होणाऱ्या,
पॉलीहाउसमध्ये २०० ते २५० फुले प्रति चौरसमीटर देणाऱ्या जाती

दानाएलन, साल्वाडोर, पिंक एलेगन्स, गोलिएथ, विंटर क्वीन, संग्रिया ईटी, कालिना, टीजुबा, टीबारिंगो, ऑरेंज कंट्री, बेसिक, बॉअव्हिया, टोफीन, आनेला, सवाना, येलेसा, दालमा

कार्नेशन

२५० फुले / चौमी प्रति वर्ष, चार महिन्यांनी फुले येण्यास सुरुवात होणाऱ्या जाती

सनराईज, कोब्रा, पीकडोना, डोमिंगो, मास्टर, गोडिना, कीरो, दुमास, स्टार, डोव्हर

जाई

दोन-तीन वर्षांनी ३० ते ४० क्विंटल प्रति हेक्टर फुले देणाऱ्या जाती : चमेली, जत्ती

काकडा

५० ते ६० क्विंटल प्रति हेक्टर फुले देणारी जात : मुदखेड लोकल

∎∎∎

औषधी, सुगंधी वनस्पती व वृक्ष वनौषधी

औषधी वनस्पतींची लागवड करण्याअगोदर बाजारपेठेचा अभ्यास करणे; जसे, कोणकोणत्या औषधी व सुगंधी वनस्पतींना मागणी आहे, वनस्पतीचा नेमका कोणता भाग लागतो, त्याची प्रत व बाजार-दर, मागणी किती आहे, अशी सखोल माहिती मिळवावी. प्रत्यक्ष खरेदीदाराशी संपर्क साधून, फायदेशीर खरेदी करार करून मगच लागवड करावी. शेतकरी गट, शेतकरी उत्पादक कंपनीमार्फत मोठ्या प्रमाणात लागवड केल्यास तयार माल बाजारपेठेत पाठवण्यास सोपे जाते, तसेच व्यवस्थित दर मिळण्यास उपयुक्त ठरते.

डॉ. पंजाबराव देशमुख कृषी विद्यापीठ, अकोला येथे १९७६मध्ये 'नागार्जुन वनौषधी उद्यान' स्थापन करण्यात आले. तेथे जवळपास ४५० वनौषर्धींच्या विविध प्रजाती जतन केलेल्या आहेत. या विभागात अश्वगंधा, काष्ठमेघ, कवचबीज, सफेद मुसळी, कोरफड, लेंडी पिंपळी आदी पिकांवर लागवड तंत्र विकसित करण्याच्या दृष्टीने संशोधन सुरू आहे.

अखिल भारतीय समन्वय प्रकल्प (औषधी व सुगंधी वनस्पती) १९९७पासून तेथे कार्यरत असून सुपारी व मसाला पिके संचालनालय, कॉलिकॉट (केरळ)च्या अनुदानातूनसुद्धा प्रकल्प कार्यान्वित आहेत. औषधी व सुगंधी वनस्पतींपासून विविध औषधे तसेच सौंदर्य प्रसाधणे तयार केली जातात. त्यामुळे औषधी व सुगंधी वनस्पतींची शेती आर्थिकदृष्ट्या फायदेशीर होण्यासाठी उत्पादित मालावर प्राथमिक स्वरूपाच्या प्रक्रिया करूनच तो बाजारपेठेत पाठवणे महत्त्वाचे आहे. लागवड तंत्रज्ञान, रोप खरेदी, बाजारपेठेची माहिती यांच्या मार्गदर्शनासाठी नागार्जुन वनौषधी उद्यान, डॉ. पंजाबराव देशमुख कृषी विद्यापीठ, अकोला येथे प्रत्यक्ष संपर्क साधावा.

औषधी वनस्पती	कालावधी / हंगाम	उत्पन्न (क्विंटल/ हेक्टर)	वैशिष्ट्ये
शतावरी	१८ ते २१	१२ ते १५ वाळलेल्या मुळ्या	फेब्रुवारी-मार्चमध्ये काढून सुकवावे वा वाळवावे, गर्भाशय दोष निवारण, मूतखडा, शक्तिवर्धक, दूधवाढीसाठी
अश्वगंधा *जवाहर ऑक्संद २०* *जवाहर ऑक्संद १३४*	१६० ते १८० दिवस	बी दोन-तीन मुळ्या ८ ते १०	फळे, बी काढून वाळवून ठेवावे. मुळ्या काढून प्रतवारी करून सुकवाव्यात. अशक्तपणा, चरबी कमी करणे मुळ्या भाव : १०० ते १२० रुपये प्रति किलो
सोनामुखी *हेवी पॉड* *एएलएस निन्ने‍वेल्ली*	पाच वर्षे	बी दोन-तीन वाळलेली पाने, शेंडे १२ ते १५ अपक्व शेंगा	अपक्व शेंगा : ६० ते ७० रुपये प्रति किलो
कवच बीज	सहा महिन्यांनी काढावे	२० ते २२	शक्तिवर्धक, मज्जातंतू रोगावर
इसबगोल (जीआय १) *गुजरात १, २* *हिस्सार २, ५, ३२, ३५*	चार	बी ८ ते १० बी ९० ते १०० रु./कि भुशी १५० ते २०० रु./किलो	११० ते १२० दिवसांनी कापून वाळवून बी व भुशी वेगळी काढावी. मूळव्याध, बद्धकोष्ठता, संधिवात विकारांवर
काळमेघ	साडेचार	२५ ते ३० वाळलेल्या फांद्या, पाने/हेक्टर	मुरलेला ताप, थंडी-ताप, रक्तशुद्धीवर
लेंडी पिंपळी	तीन ते चार वर्षे	ताजी फळे १० ते १५ सुकलेली फळे ३ ते ५	कफ, अस्थमासाठी मागणी भरपूर
सफेद मुसळी	सहा	ओली १००० वाळलेली २०० ते ३०० १००० ते १२०० रु. किलो	शक्तिवर्धक, वंध्यत्वासाठी

औषधी वनस्पती	कालावधी / हंगाम	उत्पन्न (क्विंटल/ हेक्टर)	वैशिष्ट्ये
कोरफड	दोन वर्षांपासून चार वर्षांपर्यंत	४०० ते ६०० मांसल पाने	त्रिदोष, वेदना, जखमा, पोटाचे विकार यांवर प्रभावी
सर्पगंधा	१८ महिने - सुरुवात (वर्षभर)	वाळलेल्या मुळ्या १० ते १२ १४० ते १५० रु./कि.	रक्तदाबासाठी, सुलभ प्रसूती, जीर्ण ज्वर यांसाठी प्रतिकारक औषध
डिकामली			जंतावर, जखमेतील किडे मारण्यासाठी फळांचे चूर्ण
वावडिंग			जंतनाशक, पाचनशक्ती वाढवण्यासाठी, फळाचे चूर्ण उपयुक्त
तुळस	वर्षभर	ओला पाला १५० ते २५० तेल १०० ते ११० बियाणे ५०० रु./कि.	फुलोऱ्यात असताना पहिली, ७५ ते ९० दिवस अंतराने दोन कापण्या कृष्ण तुळशीच्या पानात भूजॉल रासायनिक द्रव्य असते. पानात ०.५ ते ०.७ तेल असते.
काडेजिरायत	वर्षभर	वाळलेले पंच अंग ५० ते ६० रु./कि. बियाणे ५०० रु./कि.	यकृत संरक्षणासाठी, संधिवात, पित्तनाशक (पाने, मुळे)
वेखंड	१ वर्ष	कंदमुळे ५० ते ८०	संधिवात, आमवात, मूळव्याध, तापावर बुद्धिवर्धक, सर्दी-पडसे, पोटदुखी इत्यादींवर खोड व पंचांग उपयोगी

इतर काही वाण : आंबेहळद, शालपर्णी, भुई रिंगणी

औषधी वनस्पती	कालावधी / हंगाम	उत्पन्न (क्विंटल/ हेक्टर)	वैशिष्ट्ये
कस्तुरी भेंडी	सहा	बियाणे पाच ते आठ	अत्तर, पानमसाला यासाठी
तिखाडी मोतिया पीआरसी १ तृष्णा	चार ते पाच वर्षे	गवत १२० ते १५० तेल ७५ ते ८५ किलो / हेक्टर / वर्ष	सांधेदुखी, सौंदर्य प्रसाधनासाठी
गवती चहा कावेरी / कृष्णा	चार ते पाच वर्षे	गवत ३०० ते ३५० तेल १०० ते १२० किलो / हेक्टर / वर्ष	अ जीवनसत्त्व, पेनबाम, सर्दी, कफसाठी उपयुक्त, चार-पाच महिन्यांनी सुरुवात, नंतर दर तीन-चार महिन्यांनी कापणी तेल भाव : ६०० ते ८०० रु. किलो
जावा सिट्रोनेला बायो १३ जयपल्लवी मंदाकिनी	चार ते पाच वर्षे	गवत ३५०-४०० तेल ११०-१३० किलो / हेक्टर / वर्ष	गवत भाव : ४००-४५० रु. क्विंटल तेल भाव : ८००-१००० रु. किलो डास प्रतिबंधक, सहा महिन्यांनी कापणीची सुरुवात, नंतर दर चार-पाच महिन्यांनी
जिरेनियम	लागवडीनंतर चार-सहा महिन्यांनी व नंतर दर अडीच ते तीन महिन्यांनी कापणी	पहिली एक-दोन वर्षे ओले गवत ३०० तेल ३५-३० किलो नंतरची दोन-चार वर्षे ओले गवत ३५० ते ४०० तेल ३० ते ३५ किलो	तेल भाव : ३६०० ते ९००० रु. किलो तेल उग्र गुलाबासारखे, त्यात जिरॅनिऑल व सिट्रोनलॉल द्रव्य असते.
वाळा केएस १, केएस २ सुगंधा एनसी ६६४०६ एनसी ६६४१५ एचवाय ८ ओव्हीडी ३	वर्षभर कापण्या, लागवडीनंतर १५ ते १८ महिन्यांनी जमीन खोदून मुळ्या व त्याचे तेल काढा.	मुळ्या ३० ते ४० तेल १५ ते २० किलो प्रति हेक्टर	तेल भाव : ४००० ते ५००० रु. किलो मुळ्यामधून तेलाचा उतारा ०.६ ते ०.८ टक्के मिळतो. वाळ्यात शीत, तृष्णाशाम, स्वेद, मूत्रल हे मुख्य गुणधर्म आहेत.

औषधी वनस्पती	कालावधी / हंगाम	उत्पन्न (क्विंटल/ हेक्टर)	वैशिष्ट्ये
दवना		ओला पाला खोडव्यासह १५० तेल २८ ते ३० किलो/ हेक्टर	सुरुवातीची कापणी फेब्रुवारी-मार्च नंतरच्या एप्रिल-मेमध्ये खोडवा तेल पिवळसर, मधुर वासाचे, दवनीनचे प्रमाण ३६ ते ५६ टक्के
पानपिंपळी	हंगाम वर्षभर, १२ महिन्यांनी फळे तोडणीस तयार ऑक्टोबर-नोव्हेंबर फळाच्या चार-पाच तोडण्या होतात.	वाळलेली फळे तीन ते पाच ८० ते १०० रु.किलो	फळे गडद काळपट हिरवी, फळे योग्य प्रकारे वाळवणे महत्त्वाचे ज्वर, मुरलेला ज्वर, संधिवात, पोटाचे विकार यांवर उपयुक्त कालमेथीन व अँड्रोगेफोलाईड या रासायनिक घटकांनी युक्त
कळलावी	पहिल्या वर्षी पानगळ झाल्यावर कंद जमिनीत राहू द्यावेत. दोन वर्षांच्या कंदापासून आलेल्या वेलींनाच फुले-फळे येतात. जमिनीतले कंद खोदून काढावेत.	तीन महिन्यांनंतर वाळलेल्या शेंगातून बी गोळा करावे. पहिल्या वर्षी १०० ते १८० किलो बियाणे, दुसऱ्या वर्षी २०० ते २५० किलो बियाणे	लैंगिक रोग, संधिरोग, जनावरांच्या जंतांवर, सर्पदंश
पुदिना (मेंथा) *जपानी मिंट - एमएएस१०, हायब्रीड ७७, इसी ४१९११, सिवालीक, स्पिअरमिंट एमएसएस १, पंजाब, स्पिअर मिंट १, रॉय १, किरण, निरा, बेरगॉट मिंट - डमरू डीआयएसएस ५*	लागवड जानेवारी - फेब्रुवारी पहिली कापणी एप्रिल-मे दुसरी कापणी जुलै-ऑगस्ट तिसरी कापणी ऑक्टोबरमध्ये	दोन कापणीपासून २० ते २५ क्विंटल प्रति हेक्टर उत्पन्न मिळते. पेपरमिंट तेल भाव ४०० ते ५०० रु. प्रति किलो	डोकेदुखी, सांधेदुखी, खोकल्याच्या गोळ्या, टूथपेस्टमध्ये उपयोग होतो.

औषधी वनस्पती	कालावधी / हंगाम	उत्पन्न (क्विंटल/ हेक्टर)	वैशिष्ट्ये
अडुळसा	वर्षातून तीन वेळा काढणी करता येते. पाने काढून सावलीत सुकवावीत.	पहिल्या वर्षी ८० ते ९० क्विंटल दुसऱ्या वर्षी ९० ते १०० क्विंटल ओली पाने / हेक्टर	जंतुनाशक, अतिसार, दमा, खोकला, रक्तशुद्धी, नेत्रविकार यांवर परिणामकारक, पाने उपयुक्त
खाजकुहिली	संपूर्ण शेंगा पक्व झाल्यानंतर काढणी करावी. नंतर उन्हात वाळवून त्यातील बिया वेगळ्या कराव्यात.	कोरडवाहू १५ ते १७ बागायत ३० ते ३५	मुळ्या व बियांचा उपयोग पक्षाघात, अशक्तपणा, मूत्ररोग, किडनी विकार, दमा यावर प्रभावी

∎

वृक्ष वनौषधी

औषधी वनस्पती	कालावधी / हंगाम	उत्पन्न (क्विंटल/ हेक्टर)	वैशिष्ट्ये
गुग्गुळ महिषाक्ष, महनील कुमूद, पद्म कणगुग्गुळ	सहा-सात वर्षांनी उत्पन्न सुरू	एका झाडापासून ५०० ते ७०० ग्रॅम डिंक (रेझीन) मिळतो.	त्रिदोषशामक, स्थूलता कमी करणे, सांधेदुखी, आमवात, गंडमाळा, त्वचारोग, दंतरोग, सूज कमी करण्यासाठी, हृदयरोग इत्यादींसाठी गुणकारी
अर्जुन	एप्रिल-मेमध्ये काढणी	१० ते १५ किलो साल, तीन वर्षांतून एकदा / झाड / वर्ष	हृदयरोग, हाड जोडणे, जखमेवर उत्तम, औषधी सालीपासून करतात.
हिरडा	–	–	शक्तिवर्धक, कफनाशक, कृमिनाशक, नेत्रविकार, फळे त्रिफळा चूर्णात वापरतात.

औषधी वनस्पती	कालावधी / हंगाम	उत्पन्न (क्विंटल/ हेक्टर)	वैशिष्ट्ये
बिब्बा *परळीण १६* *नांदेड ८*	२५-३० वर्षे	८ ते १२ किलो/झाड ४० ते ५० किलो/झाड ३५ ते ४० किलो फूल/झाड १० ते १५ किलो गोडंबी / झाड	बी वापरतात. कफनाशक, वातनाशक
अडुळसा	वर्षातून तीन वेळा काढणी	पहिल्या वर्षी ८० ते ९० दुसऱ्या वर्षी १०० ते २०० वाळलेली पाने भाव : ५० ते ६० रु. किलो	पानांपासून औषधनिर्मिती, दमा, श्वास, कफ, क्षय खोकल्यावर औषधी उपाय
शेंद्री / बिक्सा	हंगाम वर्षभर, फळांची तोडणी जानेवारीत	८ ते १० वर्षाच्या झाडापासून चार ते पाच किलो बियाणे मिळते.	बियांपासून ६ टक्के रंग मिळतो. तो अन्नपदार्थांना रंग देण्यासाठी वापरतात. पोटातील वात, अजीर्ण, मूतखडा यावर रेचक व कृमींवर उपयोगी भाव : भारतात ८०-१०० रु./कि. परदेशात ६०० रु./कि.
कुंभा	जखम धुण्यासाठी, सर्पदंशावर सालीचा रस उपयुक्त, फळांचा वापर औषधी		
कदंब	झाडाचे साल व फळ उपयुक्त, टाळू भरण्यासाठी, तापावर उपयुक्त		
पळस	मूळव्याध, मधुमेह, पाने उपयुक्त		
मोहा	पौष्टिक, टॉन्सिल्सवर उपयुक्त, फुले व साल उपयुक्त		
शिवण	वातनाशक, मूत्ररोग, दाहनाशक, मुळ्या उपयुक्त		
जांभूळ	पित्त, कृमी, दाह, अतिसार, कफ व रक्तदोष विकारांवर फळे व बी उपयुक्त		
सीता अशोक	गर्भाशय विकार, मूतखडा, वेदनाशामक, साल व बिया उपयुक्त		
खैर	कफनाशक, रक्तशुद्धी, मूळ - खोड व सालीची कृमिनाशक औषधे		
बेल	काविळ, ताप, अमांश, हगवण, सर्पदंशावर पाने - फळे - मुळे उपयुक्त		
टेटू	दशमुळात उपयोग, कानातून पू येण्यावर, मुळ्या उपयुक्त		

औषधी वनस्पती	कालावधी / हंगाम	उत्पन्न (क्विंटल/ हेक्टर)	वैशिष्ट्ये
आवळा	रक्तशुद्धीसाठी, अशक्तपणावर फळे उपयुक्त		
बेहडा	पचनशक्ती वाढवणे, त्रिफळा चूर्णात वापर		

● ━━━━━━━━━━ इतर वनस्पती ━━━━━━━━━━ ●

भारंगी	मलेरिया, डोकेदुखी, काविळीवर मूळ उपयुक्त
शालपर्णी	दशमुळात वापर, ताप व कफावर मुळ्या उपयुक्त
भुईरिंगणी	पोटदुखीवर, भूक वाढवण्यासाठी, कृमिनाशक, वनस्पतीचे सर्व भाग उपयुक्त
माका	काविळीवर, रक्तशुद्धीसाठी, रक्तप्रवाह थांबवण्यासाठी मुळ्या-पाने उपयुक्त
अक्कलकरा	दातदुखीवर, तोंड कोरडे पडत असेल तर फुले व बी उपयुक्त
सताप	सर्दी-पडसे यावर पानांचा रस मधातून घ्यावा. तेल पक्षघातावर उत्तम
सब्जा	मुळ्या लहान मुलांच्या पोट विकारावर, बियांचा काढा बाळंतपणाच्या पोटशुळावर
माईनमूळ	मधुमेहावर उत्तम, मुळ्या उपयुक्त
बेडकी (मधुनाशिनी)	मधुमेहावर दोन-तीन वाळलेली पाने खावीत.
अस्थमा वेल	पाने व मुळांचा काढा, दमा, अस्थमा, अमांश
लाजाळू	सर्व भाग, पाने व मुळ्यांचे चूर्ण मूळव्याधीवर
पानओवा	सर्दी, पडसे, पोटदुखीवर पाने उपयुक्त
पानफुटी	मुका मार लागणे, जखमेवर रामबाण उपाय
खंडू चक्का	भाजलेल्या जखमांवर पाने लावणे
गोखरू	सर्व भाग, दमा, लघवीतून रक्त, पचनशक्ती
आघाडा	मुळ्या - पाने - बिया उपयुक्त, मूतखड्यावर पानांचा रस
ज्येष्ठमध	कफ, खोकला, दमा यावर मुळ्या उपयुक्त
कढीपत्ता	पोटाचे विकार, बलवर्धक, पाने उपयुक्त
झेंडू	दात, हिरड्यांच्या आजारावर पाने उपयुक्त
गूळवेल	मधुमेह, वात विकार, काविळीवर खोड उपयुक्त

चारापिके

दुभत्या जनावरांना व शेतीकाम करणाऱ्या बैलांना वर्षभर समतोल चारा उपलब्ध करणे ही यशस्वी दुग्धोत्पादनाची पहिली पायरी आहे. संमिश्र चारा उत्पादन हे जनावरांच्या समतोल आहाराच्या दृष्टीने महत्त्वाचे आहे. हे साध्य करण्यासाठी एकदल व द्विदल चाऱ्याचे प्रमाण निम्मे-निम्मे असावे. भरपूर व उत्कृष्ट प्रतीचा चारा वर्षभर मिळण्यासाठी धान्यपिकांप्रमाणेच चारापिकांचे नियोजन करावे.

चारापिकांमध्ये एकदल तसेच द्विदल, हंगामी व बहुवर्षीय विविध चारापिकांचा, गवताचा व झाडाझुडपांचा समावेश होतो. दुधव्यवसायात वाळलेला चारा (कडबा, तूस), हिरवा चारा व पशुखाद्य (पेंडी, चुनी, खनिज मिश्रण, मीठ मिश्रण) संतुलित प्रमाणात पशुंना मिळाले तर मिळणारे दुधाचे उत्पादन, त्याची प्रत सातत्याने सुधारते; तसेच पशुचे आरोग्य सुदृढ राहण्यास मदत होते.

गिरिपुष्प, चवळी, मका, ज्वारी, बरसीम, लुसर्न, संकरित नेपियर, मारवेल, गिनी, पॅरा गवत, स्टायलो, सुबाभूळ, ओट आदी हंगामी व बहुवर्षीय चारापिकांची लागवड शेतकऱ्यांनी करावी. चाऱ्यांचे मूरघास करून त्याचा वापर उन्हाळ्यात — जेव्हा शेतात चाऱ्याचे उभे पीक उपलब्ध नसताना — जनावरांना दिले तर दुधाचे सातत्य राहण्यास मदत होते.

ज्वारी

वाणाचे नाव	कालावधी (दिवस)	उत्पन्न (क्विंटल / हेक्टर)	वैशिष्ट्ये
पुसा चारी	६० ते ९०	हि. चारा ३०० ते ३५०	—
एमपी चारी	६० ते ९०	हि. चारा ३०० ते ३५०	—
रुचिरा (आर ४-११)	५५ ते ६०	४०० ते ४५०	५० टक्के फुलावर असताना कापणी
फुले अमृता			
मालदांडी (एम ३५-१)			
फुले गोधन			
निळवा			
आयएस ४७७६			
एएसजी १४			
एमकेव्ही चारी			
सुधारित रामकेळ	६० ते ९०	३०० ते ३५०	५० टक्के फुलावर असताना कापणी
नंदियाळ			
आरजीएफआरआय १			
आरजीएफआरआय २			
एसएसजी ५९-३			
आर ४-११	—	१००० ते १२००	—
आरएसव्ही ९	—	४८० ते ५००	हिरवा चारा रुचिरापेक्षा १६ टक्के जास्त
एसपीव्ही	—	४५० ते ४७०	खरीप वाण
फुले वसुंधरा	—	—	—

गवार

५६ ते ७५ दिवस कालावधीच्या, ३०० क्विंटल प्रति हेक्टर उत्पन्न देणाऱ्या जाती
सुरनगड, आरजीएफआरआय २१२-१, जायंट गवार

मका

वाणाचे नाव	कालावधी (दिवस)	उत्पन्न (क्विंटल / हेक्टर)	वैशिष्ट्ये
आफ्रिकन टॉल	६५ ते ७०	४०० ते ६०० कडबा ४८ टक्के	५० टक्के फुलोऱ्यावर ४५ दिवसांनी कापा. ९ ते ११ टक्के प्रथिने
मांजरी कंपोझिट	६५ ते ७०	४०० ते ६००	५० टक्के फुलोऱ्यावर ४५ दिवसांनी कापा. ९ ते ११ टक्के प्रथिने
विजया		३०० ते ४००	
गंगा सफेद २		४०० ते ६००	
डेक्कन हायब्रीड		३०० ते ४००	
गंगा २		३५० ते ४००	
गंगा ५		३५० ते ४००	
सीओएफएस २९	–	–	बहुवर्षीय चारा पिकाची जात
सीओएफएस ३१	–	–	
जे १००६	–	–	–
प्रताप मका ४	–	–	–

बाजरी

५० ते ६० दिवस कालावधीच्या, ३५० ते ४०० क्विंटल प्रति हेक्टर उत्पन्न देणाऱ्या जाती
जायंट बाजरा, बायफ बाजरा, राजको बाजरा, बीजे १०४, बीजे २३०, बीजे ५६५, के ६७४
६० ते ६५ दिवस कालावधीच्या, ९०० ते १००० क्विंटल प्रति हेक्टर उत्पन्न देणाऱ्या जाती
के ६७७ (बायफ) (७ ते ९ टक्के प्रथिने)

चवळी

वाणाचे नाव	कालावधी (दिवस)	उत्पन्न (क्विंटल / हेक्टर)	वैशिष्ट्ये
रशियन जायंट	६० ते ६५	३०० ते ३५०	चाऱ्यासाठी चवळी + ज्वारी + बाजरी + मका १:२ ओळी पेरावे. (१३ ते १५ टक्के प्रथिने)

६० ते ६५ दिवस कालावधीच्या, ३०० ते ३५० क्विंटल प्रति हेक्टर उत्पन्न देणाऱ्या जाती

श्वेता, एफओएस १, एस १०

६० ते ६५ दिवस कालावधीच्या, २५० ते ३०० क्विंटल प्रति हेक्टर उत्पन्न देणाऱ्या जाती

इसी ४२९६, बुंदेल लोबिया, यूपीसी ५२८६

लसूण घास (लुसर्न)

वाणाचे नाव	कालावधी (दिवस)	उत्पन्न (क्विंटल / हेक्टर)	वैशिष्ट्ये
शिरसा ९	पहिली कापणी ५० ते ६० दिवसांनी	१००० ते १२००	बहुवर्षीय द्विदल चारा
आनंद १		९०० ते १०००	कापणी २८ ते ३० दिवसांनी
आनंद २			
आनंद ८८	–		१० ते १२ कापण्या, प्रथिने १९ ते २२ टक्के
आनंद ३	–		
आनंद ८	–		
चिखलठाणा टी ९	४० ते ४५		नंतरच्या कापण्या २१ ते २५ दिवसांनी, १२ ते १५ कापण्या

वाणाचे नाव	कालावधी (दिवस)	उत्पन्न (क्विंटल / हेक्टर)	वैशिष्ट्ये
केंट ओएस ६	४० ते ५०	५०० ते ६००	पहिली कापणी पीक ५० टक्के फुलावर आल्यावर (दोन कापण्या) ९-१० टक्के प्रथिने
केंट ओएस ७			–
एचओ ८१४			–
फुले हरिता (आरओ १९)	४० ते ५०	५५० ते ६०० बियाणे १५ ते २०	२००५मध्ये संशोधित, हिवाळी हंगामात लागवड, दोन कापण्या, केंटपेक्षा १३ ते १५ टक्के अधिक उत्पादन, १०० सेंमी उंच, ११.८४ टक्के प्रथिने, करपा - पानांवरील ठिपके - किडीस प्रतिकारक्षम, राहुरी विद्यापीठात बियाणे १५ रु. किलोने उपलब्ध
फुले सुरभी (आरओ ११-१)	४० ते ५०	४५० ते ५००	ॲग्रिस्कोची मंजुरी, पहिली कापणी ५० दिवसांनी (एकूण दोन कापण्या), ९ ते १० टक्के प्रथिने
फुले क्रांती			
यूपीओ ९४			
जेएस ८३२			
जेएचबी १४६		४०० ते ५५०	
जेबी १	४० ते ५०	४०० ते ६००	
जेएचई ८२२			
जेआरओ १९			

बरसीम

वाणाचे नाव	कालावधी (दिवस)	उत्पन्न (क्विंटल / हेक्टर)	वैशिष्ट्ये
मस्कायी		६०० ते ८५०	
एस ९१-१	४५ ते ५०	४०० ते ४५०	नंतरच्या कापण्या दर २५ ते ३० दिवसांनी, तीन ते चार कापण्या, १७ ते १९ टक्के प्रथिने
जेबी १		४०० ते ४५०	
वरदान ४		६०० ते ८००	

हायब्रीड नेपिअर

वाणाचे नाव	उत्पन्न (क्विंटल / हेक्टर)	वैशिष्ट्ये
डीएचएन ६	३००० ते ४०००	धारवाड हायब्रीड नेपिअर, पहिली कापणी ६० दिवसांनी, नंतरच्या ३० ते ४५ दिवसांनी, ९ ते १० टक्के प्रथिने

इतर काही वाण

१००० ते १५०० क्विंटल प्रति हेक्टर उत्पन्न : एनबी २१, पुसा जायंट, इबी ४

१००० ते १५०० क्विंटल प्रति हेक्टर उत्पन्न : फुले जयवंत (आरबीएन १३)

१२०० ते १५०० क्विंटल प्रति हेक्टर उत्पन्न : फुले गुणवंत (आरबीएन २०११-१२)

गरजर (आरबी ९), यज्ञवंत (एनबी २१)

स्टायलो

वाणाचे नाव	कालावधी (दिवस)	उत्पन्न (क्विंटल / हेक्टर)	वैशिष्ट्ये
फुले क्रांती		२५० ते ३००	
आरएस ९५	४५ ते ५०	३५० ते ४००	वर्षातून दोन कापण्या, पहिली कापणी ४५ दिवसांनी, नंतर एकेक महिन्याने, १२ ते १४ टक्के प्रथिने, द्विदल, बहुवार्षिक
हॅमाटा ४५			
स्टायलो दशरथ		४०० ते ५००	

मारवेल

वाणाचे नाव	कालावधी (दिवस)	उत्पन्न (क्विंटल / हेक्टर)	वैशिष्ट्ये
फुले मारवेल ०६-४०		३५० ते ४००	वर्षातून दोन कापण्या, कोरडवाहू
फुले मारवेल १ (०९-४)			
फुले गोवर्धन			
मारवेल ७	५० ते ६०	६०० ते ७००	२००८मध्ये प्रसारित, वर्षातून सहा-आठ कापण्या दर ४० ते ५० दिवसांनी
मारवेल ८			
मारवेल ४०			
मारवेल ९३			

मद्रास अंजन

वाणाचे नाव	कालावधी (दिवस)	उत्पन्न (क्विंटल / हेक्टर)	वैशिष्ट्ये
फुले मद्रास अंजन १ (आरआरसी १०-६)	वर्षातून दोन कापण्या	४०० ते ५०० / वर्ष	हिरवा चारा
काजरी ७५			

दशरथ

वाणाचे नाव	कालावधी (दिवस)	उत्पन्न (क्विंटल / हेक्टर)	वैशिष्ट्ये
स्टायलो दशरथ		८०० ते ९०० / वर्ष	बहुवार्षिक चारापीक

कंदयुक्त चारापिके

रताळे, गाजर, मुळा

परिशिष्ट

बियाणे / रोपे व मार्गदर्शन यासाठी संपर्क

रोपवाटिका संपर्क

क्र.	रोपवाटिकेचे नाव	संपर्क	कलमे / रोपे
१.	उद्यानविद्या रोपवाटिका उद्यानविद्या प्रक्षेत्र, मध्यवर्ती परिसर, महात्मा फुले कृषी विद्यापीठ, राहुरी, जि. अहमदनगर ४१३ ७२२	Tel.: 02426-243442 Email: hortfarmnurserympkv@gmail.com	डाळिंब, आंबा, लिंबू, सीताफळ, नारळ, पेर, जांभूळ, ऑस्टर बियाणे, निशिगंध कंद, शोभिवंत झाडे
२.	मध्यवर्ती रोपवाटिका बियाणे विभाग, मध्यवर्ती परिसर, महात्मा फुले कृषी विद्यापीठ, राहुरी, जि. अहमदनगर ४१३ ७२२	Tel.: 02426-243338 Email: csseed-mpkv@yahoo.in	आंबा, चिकू, डाळिंब, लिंबू, सीताफळ, पेरू, शोभिवंत झाडे
३.	उद्यानविद्या विभाग कृषी महाविद्यालय, शिवाजीनगर, पुणे ४११ ००५	Tel.: 020-2553 7646 Email: adacpune@gmail.com	आंबा, पेरू, डाळिंब, लिंबू, सीताफळ, नारळ, चिंच, शोभिवंत झाडे
४.	उद्यानविद्या विभाग कृषी महाविद्यालय, धुळे ४२४ ००४	Tel.: 02562-230368 Email: hartacdhule424004@gmail.com	लिंबू, डाळिंब, सीताफळ, नारळ, जांभूळ, चिंच, शोभिवंत झाडे
५.	उद्यानविद्या विभाग कृषी महाविद्यालय, कोल्हापूर ४१६ ००५	Tel.: 0231-2607590 Email: hortnurserykolhapur@rediffmail.com	आंबा, नारळ, डाळिंब, लिंबू, चिकू, शोभिवंत झाडे

क्र.	रोपवाटिकेचे नाव	संपर्क	कलमे / रोपे
६.	राष्ट्रीय कृषी संशोधन प्रकल्प (मैदानी विभाग) गणेशखिंड, पुणे ४११ ००७	Tel.: 020-2569 3750, 2589 8734 Email: zars_gkpune@rediffmail.com	आंबा, चिकू, डाळिंब, पेरू, लिंबू, सीताफळ, नारळ, आवळा, जांभूळ, अंजीर, शोभिवंत झाडे
७.	राष्ट्रीय कृषी संशोधन प्रकल्प (उपपर्वतीय विभाग) शेंडा पार्क, कोल्हापूर ४१६ ०१२	Tel.: 0231-2692416, 2693017 Email: adrkolphapur@rediffmail.com	आंबा, शोभिवंत झाडे
८.	राष्ट्रीय कृषी संशोधन प्रकल्प (अवर्षणप्रवण विभाग) रविवार पेठ, सोलापूर ४१३ ००२	Tel.: 0217-2373047, 2373209 Email: zarssolapur@gmail.com	लिंबू, आंबा
९.	कृषी संशोधन केंद्र कसबे डिग्रज, ता. मिरज, जि. सांगली ४१६ ३०५ (डॉ. जितेंद्र कदम, प्रतापसिंह पाटील, डॉ. दिलीप टमाळे)	Tel.: 0233-2437275, 2437288 Email: atskdigraj@gmail.com	आंबा, डाळिंब, हळद, आलं बियाणे / बेणे
१०.	अखिल भारतीय समन्वयीत पुष्पसुधार प्रकल्प (राष्ट्रीय कृषी संशोधन प्रकल्प, मैदानी विभाग) गणेशखिंड, पुणे ४११ ००७	Tel.: 020-2569 3750, 2589 8734 Email: zars_gkpune@rediffmail.com	ॲस्टर बियाणे, निशिगंध, ग्लॅडिओलस कंद
११.	अखिल भारतीय समन्वयीत फळपिके संशोधन प्रकल्प उपकेंद्र श्रीरामपूर, ता. श्रीरामपूर, जि. अहमदनगर ४१३ ७१५	Tel.: 02422-227254 Email: citrusmpkv@gmail.com	लिंबू, मोसंबी

विविध संशोधन केंद्रे संपर्क

	तपशील	संपर्क	बियाणे / रोपे
१.	प्रकल्प संचालक, कृषी ज्ञान व्यवस्थापन संचालनालय, भारतीय कृषी अनुसंधान परिषद, नवी दिल्ली	Wesite: pddkma@icar.gov.in director.dkma@icar.gov.in	बियाणे, तांत्रिक माहिती व मार्गदर्शन
२.	महाराष्ट्र कृषी शिक्षण व संशाधन परिषद, पुणे	Wesite: www.mcaer.org Email: mcaer@rediffmail.com	मार्गदर्शन
३.	महात्मा फुले कृषी विद्यापीठ, राहुरी	Wesite: www.mpkv.ac.in	बियाणे, तांत्रिक माहिती व मार्गदर्शन
४.	व्यवस्थापक, कृषी तंत्रज्ञान माहिती केंद्र, महात्मा फुले कृषी विद्यापीठ, राहुरी	Tel.: 02426-243861 Email: aticmpkv@rediffmail.com	बियाणे, तांत्रिक माहिती व मार्गदर्शन
५.	जनसंपर्क अधिकारी, महात्मा फुले कृषी विद्यापीठ, राहुरी, अहमदनगर	Tel.: 02426-243373 Email: pro.mpkv@gmail.com	बियाणे, तांत्रिक माहिती व मार्गदर्शन
६.	डॉ. बाबासाहेब सावंत कोकण कृषी विद्यापीठ, दापोली, जिल्हा रत्नागिरी	Wesite: www.dbskkv.org	बियाणे, तांत्रिक माहिती व मार्गदर्शन
७.	व्यवस्थापक, कृषी तंत्रज्ञान माहिती केंद्र, डॉ. बाबासाहेब आंबेडकर कोकण कृषी विद्यापीठ, दापोली	Tel.: 02358-280238 Email: artickkv@gmail.com	बियाणे, तांत्रिक माहिती व मार्गदर्शन
८.	जनसंपर्क अधिकारी, डॉ. बाळासाहेब सावंत कोकण कृषी विद्यापीठ, दापोली, जि. रत्नागिरी	Tel.: 02358-280238 Email: prokkv@gmail.com	बियाणे, तांत्रिक माहिती व मार्गदर्शन
९.	डॉ. पंजाबराव देशमुख कृषी विद्यापीठ, अकोला	Wesite: www.pdkv.org	बियाणे, तांत्रिक माहिती व मार्गदर्शन
१०.	व्यवस्थापक, कृषी तंत्रज्ञान माहिती केंद्र, डॉ. पंजाबराव देशमुख कृषी विद्यापीठ, अकोला	Tel.: 0724-2258365 / 2259262 Email: bidweku@gmaik.com	बियाणे, तांत्रिक माहिती व मार्गदर्शन
११.	जनंसपर्क अधिकारी, डॉ. पंजाबराव देशमुख कृषी विद्यापीठ, अकोला	Tel.: 0724-2258365 Email: pro@pdkv.ac.in	बियाणे, तांत्रिक माहिती व मार्गदर्शन
१२.	वसंतराव नाईक मराठवाडा कृषी विद्यापीठ, परभणी	Wesite: www.mkvz.mah.hic.in	बियाणे, तांत्रिक माहिती व मार्गदर्शन

	तपशील	संपर्क	बियाणे / रोपे
१३.	व्यवस्थापक, कृषी तंत्रज्ञान माहिती केंद्र, मराठवाडा कृषी विद्यापीठ, परभणी	Tel.: 02452-229000 Email: deemau@mkv.ac.in	बियाणे, तांत्रिक माहिती व मार्गदर्शन
१४.	जनसंपर्क अधिकारी, वसंतराव नाईक कृषी विद्यापीठ, परभणी	Tel.: 02452-223801 / 02 / 03 Email: promkv@rediffmail.com	बियाणे, तांत्रिक माहिती व मार्गदर्शन
१५.	महाराष्ट्र राज्य बियाणे महामंडळ मर्यादित (महाबीज), महाबीज भवन, कृषीनगर, अकोला ४४४ १०४	Tel.: 0724-2455187 / 2455287 Email: mahabeej@mahabeej.com Website: www.mahabeej.com	तृणधान्ये, कडधान्ये, गळीत धान्ये, बीजोत्पादन बियाणे
१६.	महाव्यवस्थापक (विपणन), महाराष्ट्र राज्य बियाणे महामंडळ, अकोला	Tel.: 075886 09643 Email: homarketing@mahabeej.com Website: www.mahabeej.com	तृणधान्ये, कडधान्ये, गळीत धान्ये, बीजोत्पादन बियाणे
१७.	व्यवस्थापक, चारापिके संशोधन केंद्र, राहुरी	Tel.: 02426-243256	चारापिके, बेणे व रोपे
१८.	व्यवस्थापक, कांदा व लसूण संशोधन संचालनालय, राजगुरूनगर, जि. पुणे (महाराष्ट्र)	Tel.: 02135-222026 / 222060 Dr. Mahajan : 094210 05607 Khedekar : 094237 30657	कांदा, लसूण बियाणे
१९.	आघारकर संशोधन संस्था, प्रभात रोड, जि. पुणे (महाराष्ट्र)	Tel.: 020-25653680	सोयाबीन, गहू बियाणे
२०.	प्रादेशिक नारळ संशोधन केंद्र, भाट्ये, ता. जि. रत्नागिरी	Tel.: 02352-235331 / 255077	नारळ रोपे
२१.	मध्यवर्ती ऊस संशोधन केंद्र, पाडेगाव, जि. सातारा	Tel.: 02169-265336	ऊस बेणे
२२.	वसंतदादा शुगर इन्स्टिट्यूट, मांजरी, जि. पुणे	Tel.: 020-26902100	ऊस बेणे व लागवड मार्गदर्शन
२३.	प्रादेशिक गूळ संशोधन केंद्र, मार्केट यार्डजवळ, कोल्हापूर	Tel.: 0231-2651445	गूळ निर्मिती प्रशिक्षण
२४.	केंद्रीय कंदवर्गीय पिके संशोधन संस्था (तिरुअनंतपूरम, केरळ, भुवनेश्वर, ओडिशा)	Tel.: www.cteri.org	शकरकंद, रताळे, अळू, सुरण बेणे

	तपशील	संपर्क	बियाणे / रोपे
२५.	अखिल भारतीय समन्वित ज्वारी सुधार प्रकल्प, महात्मा फुले कृषी विद्यापीठ, राहुरी, जि. अहमदनगर	Tel.: 02426-243255 / 294080	ज्वारी बियाणे
२६.	राष्ट्रीय कृषी संशोधन प्रकल्प, गणेश खिंड, पुणे	Tel.: 020-25693750	फुलांसाठी
२७.	तेलबिया संशोधन केंद्र, जळगाव	Tel.: 0257-2200464 / 2250888 94224 22600	गळीत धान्यपिके बियाणे, मार्गदर्शन
२८.	कृषी संशोधन केंद्र, बदनापूर, जि. जालना	Tel.: 02482-261026	तूर, मूग, उडीद बियाणे
२९.	'लोकायत' संगमनेर, ता. श्रीरामपूर, जि. अहमदनगर (महाराष्ट्र)	-	पारंपरिक देशी बियाणे
३०.	व्यवस्थापक, कृषी तंत्र विद्यालय, मांजरी, जि. पुणे	Tel.: 020-25537033	गहू बियाणे, ऊस बेणे
३१.	अखिल भारतीय समन्वित बटाटा संशोधन केंद्र, गणेशखिंड, पुणे (महाराष्ट्र)	Dr. More (75889 55501) / M. B. Khamkar (75881 63147)	बटाटा बेणे
३२.	कोरडवाहू शेती संशोधन केंद्र, सोलापूर (महाराष्ट्र)	Mobile: 98233 76829	ज्वारी, हुरडा जातीचे बियाणे
३३.	राष्ट्रीय द्राक्ष संशोधन केंद्र, मांजरी, जि. पुणे (महाराष्ट्र)	Tel.: 020-26956060	द्राक्ष लागवडीचे तंत्रज्ञान
३४.	भाजीपाला सुधार योजना, महात्मा फुले कृषी विद्यापीठ, राहुरी, जि. अहमदनगर (महाराष्ट्र)	Tel.: 02426-243342	भाजीपाला बियाणे व मार्गदर्शनासाठी
३५.	सेंट्रल एक्सपेरिमेंटल स्टेशन, गोध्रा (गुजरात)	-	चारोळी बियाणे
३६.	अखिल भारतीय समन्वित ज्वारी सुधार प्रकल्प महात्मा फुले कृषी विद्यापीठ, राहुरी, जि. नगर	Tel.: 02426-243253 / 294080	सुधारित ज्वारी बियाणे
३७.	सेंटर फॉर सस्टेनेबल ऑग्रीकल्चर सिकंदराबाद (आंध्र प्रदेश)	Website: www.csa.india.org	सर्व पिकांचे देशी वाण

	तपशील	संपर्क	बियाणे / रोपे
३८	एशियन व्हेजिटेबल रिसर्च अँड डेव्हलपमेंट कार्पोरेशन (एव्हीआरडीसी), इक्रीसॅट, पटनचेरू (आंध्र प्रदेश)	–	सुधारित भाजीपाला बियाणे
३९.	करडई संशोधन प्रकल्प, कृषक भवन, सोलापूर (आंध्र प्रदेश)	Mobile: 96896 17066	सुधारित करडई बियाणे
४०.	विभागप्रमुख, आसाम ॲग्रीकल्चर युनिव्हर्सिटी, जोरहाट ७८५ ०१३	–	जगातील सर्वांत तिखट मिरचीचे बियाणे
४१.	आसाम कृषी विज्ञान केंद्र, आसाम ॲग्री. युनिव्हर्सिटी, खुमताई, गोलाघाट ७८५ ६१९	Email: mono_neog@rediffmail.com	जगातील सर्वांत तिखट मिरचीचे बियाणे
४२.	प्रादेशिक कृषी संशोधन केंद्र, अंबालावायल (केरळ)	–	आल्याचे ३५ प्रचलित व ११७ नवीन वाणाचे संकलन
४३.	नॅशनल रेसमार्च (RESMARCH) सेंटर फॉर सीड, स्पायसेस (ICAR), ताबाजी, अजमेर ३०५ २०६ (राजस्थान)	–	मसाला पिके उदाहरणार्थ, जिरे, बडीशेप, ओवा, शेपू बियाणे
४४.	डायरेक्टर, इंडियन इन्स्टिट्यूट ऑफ हॉर्टिकल्चर, हिस्सारकट्टा, बेंगलुरू ५६० ०८९	–	गवार, गवारगम बियाणे
४५.	बागलकोट विद्यापीठ (कर्नाटक)	Mobile: 97659 79927 / 97659 52727	शेवगा बियाणे
४६.	नॅशनल रिसर्च सेंटर ऑफ सिट्रस, (NRCC), नागपूर	Tel.: 0712-2500817 / 2500325	संत्रा, मोसंबी, सुधारित वाण व रोपे
४७.	अंकुर हायटेक नर्सरी, गट क्रमांक १०८, मातोश्री नगर, पाखरसांगवी, जि. सोलापूर ४१३ ५१२ (महाराष्ट्र)	Mobile: 92600 00083 / 92600 00883 / 92600 00683 Whatsap : 94233 45103	गुलाब, फळझाडे, औषधी वनस्पती, चंदन यांची रोपे
४८.	कंदयुक्त चारापिके बियाण्यासाठी	Mobile: 738525 1119 / 97677 67499 / 91564 00512	रताळे, गाजर, मुळा इत्यादी चाऱ्याचे बेणे / बियाणे
४९.	कृषी विभाग, महाराष्ट्र शासन	Website: http://agri.mah-nic.in	कृषीविषयी सर्व माहिती

	तपशील	संपर्क	बियाणे / रोपे
५०.	भारतीय कृषी अनुसंधान केंद्र, नवी दिल्ली	Website: www.icar.org.in	कृषीविषयी सर्व माहिती
५१.	भारतीय कृषी संशोधन संस्था, नवी दिल्ली	Website: www.iaripusa.org	कृषीविषयी सर्व माहिती
५२.	इक्रीसॅट संस्था, पटनचेरु, आंध्र प्रदेश	Website: www.icrisat.org	कोरडवाहू शेती संशोधन संस्था
५३.	हॉर्टिकल्चर ट्रेनिंग सेंटर, तळेगाव, पुणे	–	फळझाड, ग्रीन हाउस शेती प्रशिक्षण
५४.	सेंटर फॉर सायन्स अँड एन्व्हिरॉनमेंट, नवी दिल्ली	Website: www.cseindia.org	पर्यावरणपूरक शेती संशोधन संस्था
५५.	मराठा चेंबर ऑफ कॉमर्स, इंडस्ट्रीज अँड ॲग्रीकल्चर, पुणे	Website: www.mcciapune.com	शेती उद्योजकतासाठी प्रयत्नशील
५६.	भात, गहू संशोधन संचालनालय, नवी दिल्ली	Website: www.nic.in/icar/dwri.htm	भात व गहू संशोधन
५७.	तेलबिया संशोधन संचालनालय, नवी दिल्ली	Website: www.dor.icar.org	तेलबियांबाबत संशोधन
५८.	राष्ट्रीय मशरूम संशोधन संचालनालय	Website: www.nrc.mushroom.in	अळंबी संशोधन
५९.	राष्ट्रीय औषधी व सुगंधी वनस्पती संशोधन केंद्र, लखनौ, उत्तर प्रदेश	Website: www.nrcmap.org	औषधी व सुगंधी वनस्पतींबाबत
६०.	कृषी व्यावसायिक संस्था	Website: www.agricultureonline.com	कृषी उद्योगबाबत
६१.	किसान कृषी प्रदर्शन, पुणे	Website: www.kisan.com	दर वर्षी डिसेंबरमधील प्रदर्शन
६२.	अफार्म, मार्केट यार्ड, गुलटेकडी, पुणे	Website: www.afarm.org	महाराष्ट्रातील स्वयंसेवी संस्थांचे व्यासपीठ
६३.	अखिल भारतीय कंदपीक संशोधन योजना, वाकवली, ता. दापोली, जि. रत्नागिरी	–	शकरकंद (साबुदाणा) बेण्यासाठी
६४.	मध्यवर्ती ऊस संशोधन केंद्र, पाडेगाव, जि. सातारा	Tel.: 0216-265333 / 265335	ऊस बेणे व मार्गदर्शन
६५.	कृषी सल्ला, कृषी विज्ञान केंद्र, बारामती, पुणे	Website: www.kvkbaramati.com	कृषी / पीक मार्गदर्शन

	तपशील	संपर्क	बियाणे / रोपे
६६.	सफेद मुसळी माहिती व मार्गदर्शन	Website: www.nandanmusli.com	बेणे, लागवड, खरेदी मार्गदर्शन
६७.	अपेडा (APEDA), नवी दिल्ली	Website: www.apeda.com	सेंद्रिय शेतमाल प्रमाणीकरण, निर्यात
६८.	कृषी विज्ञान केंद्र, बाभळेश्वर, जि. अहमदनगर	Website: www.kvk.pravara.org.in	पीक लागवड मार्गदर्शन
६९.	सेंटर फॉर लर्निंग ऑर्गेनिक ऑग्रीकल्चर	Website: www.sholaischool.org	सेंद्रिय शेती प्रशिक्षण
७०.	सेंद्रिय स्पायसेस फार्म, गोवा	Website: www.shakarifarms.com	मसाला पिके लागवड मार्गदर्शन
७१.	मॅनेज संस्था, हैदराबाद (आंध्र प्रदेश)	Website: www.manage.gov.in	शेती प्रशिक्षण, प्रात्यक्षिक मार्गदर्शन
७२.	शेतीमाल बाजारभावांची माहिती	Website: www.agmarket.nic.in	शेतमाल मार्केटिंगसाठी
७३.	प्रयोग परिवार, सातारा	Website: www.prayogpariwar.net	सेंद्रिय शेतीचे दाभोळकरांचे प्रयोग व प्रात्यक्षिक
७४.	ग्रामीय शेती विकासविषयक संस्था	Website: www.ruralrelations.com	ग्रामीण भागातील डाटाबेस माहिती व योजना
७५.	सागवान संवर्धन संस्था, मुंबई	Website: www.growfastmangium.com	मॅंजियम सागवान रोपे, संवर्धन, खरेदीसाठी
७६.	शेतीविषयक माहितीसाठी	Website: www.agricultureinformation.com	कृषी / पीक मार्गदर्शन
७७.	ओएफएआय संस्था, गोवा	Website: www.ofai.org	राष्ट्र पातळीवरील सेंद्रिय शेती संस्था, सेंद्रिय लागवड प्रमाणीकरण, एनजीओ माहिती, मार्गदर्शन
७८.	हिंदुस्थान क्रॉप संस्था	Website: www.hindustancrop.com	सेंद्रिय बियाणे
७९.	महाराष्ट्र सेंद्रिय शेती संस्था, पुणे महाराष्ट्र ऑर्गेनिक फार्मिंग फेडरेशन (मॉफ), पुणे	Website: www.moffindia.org	सेंद्रिय शेती मार्गदर्शन प्रशिक्षण, साहित्य

	तपशील	संपर्क	बियाणे / रोपे
८०.	पीजीएस इंडिया संस्था, नवी दिल्ली	Website: www.pgsindia.neof.gov.in	सेंद्रिय प्रमाणीकरण (पीजीएस) केंद्रीय संस्था
८१.	ब्रह्मांडीय शेती पद्धती व कॅलेंडरसाठी (बायोडायनामिक)	Website: http://www.biodynamic.in http://www.organichutbkk.com http://www.supabiotech.org http://www.naandi.org/the-araku-way/	बायोडायनामिक शेती पद्धती मार्गदर्शन, निविष्ठा, शेतीकामाचे वार्षिक कॅलेंडर
८२.	पुष्पशेती माहिती	Website: www.marketag.com	–
८३.	फळे, भाजीपाला	Website: www.flowersource.net www.ams.usdg.gov www.fao.org www.fruitmnet.com	–
८४.	प्राणिजन्य उत्पादने	Website: www.statpub.com	–
८५.	कांद्यासाठी	Website: www.onions-usa.org	–
८६.	बटाटा	Website: www.potato.org.uk	–
८७.	ताजा माल	Website: www.freshinfo.com	–
८८.	कृषिमालाचे आजचे भाव	Website: www.freshinfo.com	–
८९.	निर्यात विमा, अर्थसाहाय्य	Website: www.ecgcindia.com	–
९०.	सीताफळ महासंघ, पुणे	Tel.: 020-2442 8555-54	–
९१.	डॉ. वासुदेव नारखेडे, प्राध्यापक, डॉ. वसंतराव नाईक मराठवाडा कृषी विद्यापीठ, परभणी	Mobile: 75880 82184	आंतरपीक मार्गदर्शन
९२.	प्रकाशसिंग रघुवंशी, रघुवंशी शोध समिती, ग्राम - टडिया, पोस्ट - जवखिनी, जि. वाराणशी २२१ ३०५ (उत्तर प्रदेश)	Tel.: 099569 41993 / 94156 43838 Email: kudarat_raghuvanshi@hotmail.com	गहू, तूर, मूग, भुईमूग बियाणे
९३.	सुधाकर साबळे, मु.पो. वडूथ, जि. सातारा (महाराष्ट्र)	Tel.: 02162-264302 Mobile: 93713 12899	आवळा, शेवगा व आयुर्वेद वनस्पती बियाणे व रोपे

	तपशील	संपर्क	बियाणे / रोपे
९४.	नीरज गुप्ता, मुख्य कार्यकारी अधिकारी, हिंदुस्थान क्रॉप सायन्स प्रा. लि. (बेळगाव, नवी दिल्ली, गुरगाव, गोवा)	Mobile: 098100 55760 Email: info@hindustancrop.com, info@hindustancrop@gmail.com Website: www.info@hindustancrop.com	सेंद्रिय बियाणे, रोपे, कलमा व बेणे
९५.	किरण लाड, रा. कुंभारगाव, ता. कडेगाव, जि. सांगली (महाराष्ट्र)	Mobile: 99604 94931	देशी केळी बियाणे
९६.	जयंत वामन बर्वे, बर्वे वाडा, कराड रोड, रा. विटा, जि. सांगली	Tel.: 02347-72732 Mobile: 90110 85810 / 94226 15878 Email: sendriyavichar@gmail.com	देशी केळी बेणे, देशी बियाणे
९७.	रतिराव राऊत, संभाजी टेटर, रा. आरेगाव पारडी, ता. जि. यवतमाळ	Mobile: 94218 53064	देशी हरभरा बियाणे
९८.	दीपक राऊत, संभाजी टेटर, रा. आरेगाव पारडी, ता.जि. यवतमाळ	Mobile: 94233 08340	देशी हरभरा बियाणे
९९.	सुनील पोटे, युवामित्र संस्था, लोणारवाडी, ता. सिन्नर, जि. नाशिक	Mobile: 94229 42799	भाजीपाला बियाणे व पीक नियोजन
१००.	गुलाबराव यादव किसान रक्षक समिती, सांगली	Mobile: 097666 58612	देशी गहू, भात, तूर बियाणे
१०१.	सोमनाथ शेटे किसान रक्षक समिती, सांगली	Mobile: 099226 12333	देशी गहू, भात, तूर बियाणे
१०२.	डॉ. सूर्याजी गणपत पाटील, रा. परिते, ता. करवीर, जि. कोल्हापूर (महाराष्ट्र)	Mobile: 94238 00588	देशी भात बियाणे
१०३.	शहाजी लाड, रा. कुंडल ता. पलूस, जि. सांगली	Mobile: 99751 11300	सेंद्रिय शेवगा बियाणे / रोपे
१०४.	वैभव लाड, रा. कुंडल ता. पलूस, जि. सांगली	Mobile: 96234 43824	सेंद्रिय शेवगा बियाणे / रोपे
१०५.	डॉ. एस. के. राव, जवाहरलाल नेहरू कृषी विद्यापीठ, जबलपूर (मध्य प्रदेश)	Mobile: 09425384072	सोयाबीन, गहू बियाणे
१०६.	डॉ. श्रीवास्तव, जवाहरलाल नेहरू कृषी विद्यापीठ, जबलपूर (मध्य प्रदेश)	Tel.: 0731-2904572	सोयाबीन, गहू बियाणे

	तपशील	संपर्क	बियाणे / रोपे
१०७.	डॉ. एस. के. गोडसे, कीटकशास्त्रज्ञ, डॉ. बाळासाहेब सावंत कोकण कृषी विद्यापीठ, दापोली, जि. रत्नागिरी (महाराष्ट्र)	Mobile: 094238 04578	देशी - सुधारित बियाणे व कीडरोग व्यवस्थापन मार्गदर्शन
१०८.	दिलीप विश्वनाथ वाघ रा. शिवणी (पिसा), ता. लोणार, जि. बुलढाणा	Mobile: 098507 57546	देशी कापूस, झेंडू, कांदा, दोडका, भाजीपाला बियाणे
१०९.	ई. एस. पाटील, प्राचार्य, अन्नतंत्र महाविद्यालय, महात्मा गांधी मिशन, सिडको, औरंगाबाद	Tel.: 0240-6601445 / 2485602 Mobile: 98814 92245	अन्नप्रक्रिया प्रशिक्षणासाठी
११०.	ब्रजकुमार अशोकलाल शाह सिंदखेडा, जि. धुळे ४२५ ४०६	Mobile: 94208 51577	भुईमूग बियाणे
१११.	शंकर नारायणराव बोबडे, रा. कळमेश्वर, जि. नागपूर (महाराष्ट्र)	Tel.: 07118-691739 Mobile: 92261 32071	सेंद्रिय भाजीपाला बियाणे
११२.	धोंडीराम गडगूळ, कृषी पर्यवेक्षक, रा. करोडी, जि. औरंगाबाद (महाराष्ट्र)	Mobile: 98506 86225	सेंद्रिय भाजीपाला बियाणे
११३.	अमृत देशमुख, रा. अंबोडा, ता. महागाव, जि. यवतमाळ	Mobile: 93278 20875	सेंद्रिय भुईमूग बियाणे
११४.	बाबाराव जाधव, दहागाव, ता. उमरखेड, जि. यवतमाळ	Mobile: 80071 81897	सेंद्रिय भुईमूग बियाणे
११५.	अमृत पाटील, रा. कळसा, ता. दिग्रस, जि. यवतमाळ (महाराष्ट्र)	Mobile: 84211 54539	सेंद्रिय भुईमूग बियाणे
११६.	बाबाराव जाधव, रा. दहागाव, ता. उमरखेड, जि. यवतमाळ	Mobile: 80071 81897	सेंद्रिय भुईमूग बियाणे
११७.	सुदामराव, मधुकर, पद्माकर नामदेवराव घुगे, रा. केहाळ, ता. जिंतूर, जि. परभणी (महाराष्ट्र)	Mobile: 9764928813	भुईमूग बियाणे
११८.	डॉ. गौड, कडधान्य संशोधन विभाग, डॉ. पंजाबराव देशमुख कृषी विद्यापीठ, अकोला (महाराष्ट्र)	Mobile: 82757 29815	तूर, मूग, उडीद इत्यादी बियाणे व मार्गदर्शन
११९.	गणपत हरिमकर रा. निंबी, ता. पुसद, जि. यवतमाळ	Mobile: 99229 27250 www.globalcoolingfoundation.org	सेंद्रिय भुईमूग बियाणे

	तपशील	संपर्क	बियाणे / रोपे
१२०.	शिवानंद, प्रगतिशील शेतकरी, अक्कलकोट, जि. सोलापूर (महाराष्ट्र)	Mobile: 88883 57558	गोड ज्वारी, कडबा, हुरडा जातीच्या बिया
१२१.	संजय पार्डे, प्रगतिशील शेतकरी, औरंगाबाद (महाराष्ट्र)	Mobile: 98501 70237	गोड ज्वारी, कडबा, हुरडा जातीच्या बिया
१२२.	पंढरीनाथ लोखंडे, रा. शिरखेड, जि. बैतूल (मध्य प्रदेश)	Mobile: 093021 05560 / 099819 04533	गहू व सोयाबीन बियाणे
१२३.	डॉ. बेडीस, मका संशोधन केंद्र, हैदराबाद (आंध्र प्रदेश)	Mobile: 98507 78290	मका बियाणे व मार्गदर्शनासाठी
१२४.	उदय पाटील, रा. नेसरी, ता. गडहिंग्लज, जि. कोल्हापूर	Mobile: 094049 90470	सुधारित चवळी बियाणे
१२५.	बाळासाहेब मराळे, मु. पो. शहा, ता. सिन्नर, जिल्हा नाशिक (महाराष्ट्र)	Tel.: 02551-285213 Mobile: 098223 15641	शेवगा बियाणे
१२६.	दत्तात्रय रगाडे (बापू), श्रीनाथ शेतीफार्म, मु. पो. वाठार कॉलनी, ता. खंडाळा, जि. सातारा (महाराष्ट्र)	Mobile: 97659 79927 / 94232 72327	शेवगा बियाणे
१२७.	सुरेश पाटील, हळदगाव, नागपूर- चंद्रपूर रोड (महाराष्ट्र)	Mobile: 99805 19004	पई, डाळिंब, सीताफळ, पेरू या रोपांसाठी
१२८.	उन्मेश लांडे, मंगरूळपीर, जि. वाशीम (महाराष्ट्र)	Mobile: 82757 29338	करवंद बियाणे / रोपांसाठी
१२९.	हनुमंतराव चिंतावर, मु. आर्णी, जि. यवतमाळ (महाराष्ट्र)	Mobile: 94030 53224	सोयाबीन, गहू बियाणे
१३०.	बाळासाहेब पाटील, रा. हसोर, शिरोळ, ता. जि. कोल्हापूर (महाराष्ट्र)	Mobile: 98226 09999	सुधारित हरभरा बियाणे
१३१.	नवनाथ मल्हारी कसपटे, मधुबन फार्म व नर्सरी, रा. गोरमाळे, ता. बार्शी, जि. सोलापूर (महाराष्ट्र)	Mobile: 98814 26974 / 98502 28053 Email: nmkaspate@gmail.com	सीताफळ रोपे व मार्गदर्शन
१३२.	बालाजी वाघमोडे, रा. माकणी, ता. अहमदपूर, जि. लातूर (महाराष्ट्र)	Mobile: 97645 12306	धारवाड हायब्रीड नेपियर गवताचे बेणे
१३३.	अनिल गवळी, मोहोळ, जि. सोलापूर	Mobile: 95297 94902 / 73852 51119 / 82080 28595 / 97677 67499	भाजीपाला व इतर पिकांचे देशी / सुधारित वाण

	तपशील	संपर्क	बियाणे / रोपे
१३४.	वसंतराव फुटाणे, ग्राम सेवा मंडळ, गोपुरी, जि. वर्धा (महाराष्ट्र)	Mobile: 94229 58767	पारंपरिक, सरळ, सुधारित वाण
१३५.	संतोष निंबारकर, नारायणगाव, पुणे	Mobile: 94218 94346 / 91194 29462	देशी भाजीपाला बियाणे
१३६.	गणेश पाटील, जळगाव	Mobile: 80550 56263	देशी बियाणे
१३७.	विशाल जाधव, नाशिक	Mobile: 76669 48644	देशी बियाणे
१३८.	रमेश साखरकर, धामणगाव रेल्वे, जि. अमरावती	Mobile: 98904 78850	देशी, सुधारित बियाणे
१३९.	डॉ. पाटील	Mobile: 94227 75727	देशी कापूस बियाणे
१४०.	अण्णासाहेब पिसाळ, हनुमंतवडिये, जि. सांगली	Mobile: 98811 02883	देशी बियाणे व रसधंद्यासाठी ऊस बियाणे
१४१.	जितीन साठे, बायफ विभागीय संवर्धन संस्था, मु.पो. खिरविरे, ता. अकोले, जि. अहमदनगर ४२२ ६०१ (रिजनल हेड, बायफ, नाशिक, आदिवासी)	Mobile: 94230 20136 / 77880 94016 Email: jitin.sathe@baif.org.in	पारंपरिक, देशी भाजीपाला, भात इतर बियाणे
१४२.	योगेश नवले, कळसूबाई परिसर बियाणे संस्था, प्रकल्प अधिकारी, खिरविरे, ता. अकोले, अहमदनगर ४२२ ६०१	Mobile: 75880 26360 Email: yogeshnawle@gmail.com	पारंपरिक, देशी भाजीपाला, भात इतर बियाणे
१४३.	संजय पाटील, तांत्रिक कार्यक्रम अधिकारी, बीएआयएफ इन्स्टिट्यूट फॉर सस्टेनेबल लाईव्हलीहूड अँड डेव्हलपमेंट, डॉ. मणिभाई देसाई नगर, वारजे, पुणे ४११ ०५८ (महाराष्ट्र)	Mobile: 96239 31855 Email: sanjay.patil@baif.org.in	पारंपरिक, देशी भाजीपाला, भात इतर बियाणे
१४४.	लक्ष्मण डगळे, कळसूबाई परिसर बियाणे संस्था, प्रकल्प अधिकारी, खिरविरे, ता. अकोले, अहमदनगर ४२२ ६०१	Mobile: 96237 28257	पारंपरिक, देशी भाजीपाला, भात इतर बियाणे
१४५.	डॉ. एस. सी. गौडा, युनिव्हर्सिटी ऑफ ॲग्रीकल्चर सायन्स, धारवाड ५८० ००५ (धारवाड)	Tel.: 0836-2448321 Extn. 276	भुईमूग बियाणे

	तपशील	संपर्क	बियाणे / रोपे
१४६.	सरदारखान पठाण, रा. देळूप (बुद्रुक), ता. अर्धापूर, जि. नांदेड	Mobile: 99758 13432	हरभरा 'मेक्सिकन डॉलर'चे काबुली वाणाचे बियाणे
१४७.	अनंत भोयर, मु.पो. कचारी सावंगा, ता. काटोल, नागपूर ४४१ १०३	Mobile: 82089 93256 / 90496 41474	देशी वाण
१४८	अण्णासाहेब जगताप, नाशिक	Mobile: 89678 19782	देशी वाण
१४९.	मनेश पाटील, जळगाव	Mobile: 70203 64461	पिकांचे देशी वाण
१५०.	बिरेश गलांडे, रा. उंदीरगाव, ता. श्रीरामपूर, अहमदनगर	Mobile: 95790 38758	पेरूचे मिडो ऑर्चर्डबाबत मार्गदर्शन
१५१.	अंकुश पडवळे, कृषी क्रांती नर्सरी, रा. खूपसंगी, ता. मंगळवेढा, सोलापूर	Mobile: 97643 54089 / 94237 84068 / 9637676426	सीताफळाची सुपर गोल्ड रोपे
१५२.	उन्मेश लांडे, मंगरुळपीर, जि. वाशीम	Mobile: 82751 29338	करवंदाचे बियाणे / रोपे
१५३.	बालाजी वाघमोडे, रा. माकणी, ता. अहमदपूर, जि. लातूर	Mobile: 97645 12306	चाऱ्याचे डीएचएन-६ धारवाड हायब्रीड नेपीयर वाणाचे बेणे
१५४.	सुमंत चव्हाण, श्रीरामपूर, जि. अहमदनगर	Mobile: 7387833432 / 96601 09590 Email: sgchavan.organic@gmail.com	पिकांचे देशी वाण / बियाणे
१५५.	चैत्राम पवार, मु.पो. बारीपाडा, ता. साखरी, जि. धुळे	Mobile: 98236 42713	भात, भाजीपाला व रानभाज्यांचे देशी वाण
१५६.	डॉ. एम. सी. गौडा, युएएस, धारवाड ५८० ००५ (कर्नाटक)	Tel.: 0836-2448321 Extn.: 276/R/2778649	भुईमूग जात जीपीबीडी-४ बियाणे
१५७.	योगेंद्र कौशिक, शेतकरी, अजदावडा, जि. उज्जैन, मध्य प्रदेश	Mobile: 09425093482 / 099266 77019	गहू वाण एचआय ८६६३
१५८.	धनंजय शेडबाळे, रा. खैरेवाडी, ता. माढा, जिल्हा सोलापूर	Email: godsentguru@gmail.com	गावरान भाजीपाला व बियाणे
१५९.	सचिन कारेकर, संजय यादवराव, कोकण बिझनेस फोरम	Mobile: 94231 29796	हळद, स्पेशल, कोकण ४
१६०.	सौ. राहीबाई सोमा पोपेरे (बीजमाता), रा. कोंभाळणे, ता. अकोले, जि. चंद्रपूर	–	देशी बियाण्यांसाठी

	तपशील	संपर्क	बियाणे / रोपे
१६१.	बाजीराव पाटील, रा. कवलापूर, ता. तासगाव, जि. सांगली (महाराष्ट्र)	–	देशी गाजराचे बियाणे
१६२.	संभाजी टेटर, रा. आरेगाव पारडी, ता.जि. यवतमाळ	–	देशी हरभरा बियाणे
१६३.	भीमराव जाधव रेठरे बुद्रुक, ता. कराड, जि. सातारा	–	भुईमूग बियाणे
१६४.	जगन्नाथ रावळ, रा. बुगरेआलूर, ता. चिकोडी, जि. बेळगाव (कर्नाटक)	–	रसासाठी उसाचे वाण, बेणे
१६५.	डॉ. डेबल डेब, सीड कॉन्झर्व्हेशनिस्ट अँड सीड बँक, ओडिशा	–	भाताचे ७०० प्रकारचे पारंपरिक, देशी वाण
१६६.	ज्योतीनाना घाडगे, रा. मोडलिंब, जि. सोलापूर	–	कढीपत्ता बियाणे व मार्गदर्शन
१६७.	डॉ. जिविधा प्रसाद, अध्यक्ष, औषधी, सुगंधी परियोजना, नरेंद्र देव कृषी विश्वविद्यालय, फैजाबाद (उत्तर प्रदेश)	–	आवळ्याचे सुधारित वाण
१६८.	डॉ. रामकृष्ण पाठक, विभागप्रमुख, उद्यानविद्या विभाग, नरेंद्र देव कृषी विश्वविद्यालय, फैजाबाद (उत्तर प्रदेश)	–	आवळ्याचे सुधारित वाण
१६९.	नीलिमा जोरावर, अकोले, जि. अहमदनगर	–	ज्वारी, भात, नाचणी, वरई (मिलेट्स)
१७०.	ए. के. सिंग, सेंटल इन्स्टिट्यूट ऑफ सबट्रॉपिकल हॉर्टिकल्चर, लखनौ २५७ १०७	–	बिनबियांचे जांभूळ रोपे / बियाणे

बियाणे पेरणीसाठी बायोडायनामिक कॅलेंडर

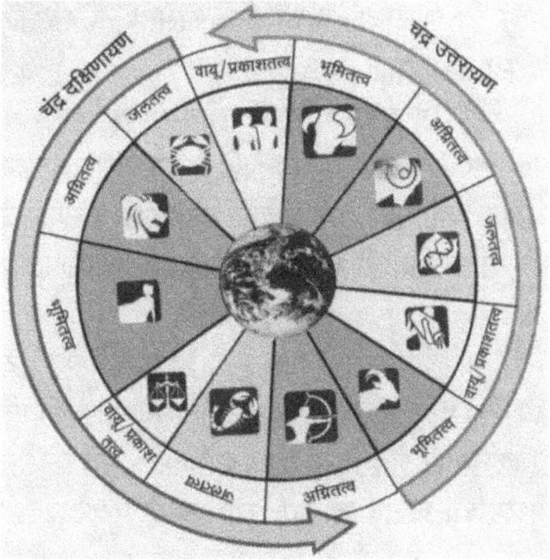

बायोडायनामिक म्हणजे काय ?

'बायोडायनामिक' हा ग्रीक शब्द आहे. बायो म्हणजे जीवित, सजीव; डायनामिक म्हणजे क्रियाशील, गतिमानता, ऊर्जा. बायोडायनामिक म्हणजे जैवऊर्जा, वैश्विक शक्ती, कॉस्मिक एनर्जी.

रूडॉल्फ स्टायनर या शास्त्रज्ञाने १९२५मध्ये बायोडायनामिक शेतीची मूलतत्त्वे सर्वप्रथम सांगितली. या पद्धतीत अवकाशातील ब्रह्मांडीय शक्ती / ऊर्जा (कॉस्मिक एनर्जी)च्या प्रभावाचा परिणाम पृथ्वीवरील पिकांवर कसा होतो, याचा अभ्यास करण्यात आला.

या बीडी शेती पद्धतीमध्ये सूर्य, चंद्र, पृथ्वी, शनि, रास, नक्षत्र, गाय व पिकांचे अवशेष हे प्रमुख घटक आहेत. जवळपास ७० देशांत शेतकरी पिके घेतात. यात युरोपीय देश, अमेरिका, ऑस्ट्रेलिया व न्यूझिलंड यांचा प्रामुख्याने समावेश आहे.

बायोडायनामिक शेती सेंद्रिय शेतीच्या पुढची पायरी आहे.

प्रचलित रासायनिक शेती पद्धतीत कृषी शास्त्रज्ञांनी फक्त दोन घटकांवरच लक्ष केंद्रित करून पीक लागवडीचे शास्त्र विकसित केले आहे.

१. **पीकशास्त्र (क्रॉप सायन्स) :** यात पिकाच्या जाती, पेरणीचे अंतर, त्यांना असणारी खताची गरज, तयावर येणाऱ्या कीड-रोग व त्यांचे नियंत्रण इत्यादी.

२. **मातीशास्त्र (सॉईलसायन्स) :** शेतजमिनीची मृदपरीक्षण त्यातील घटक, मूलद्रव्यांची उपलब्धता, पाणी धरून ठेवण्याची क्षमता, सामू इत्यादी

परंतु बायोडायनामिक शेती पद्धतीमध्ये वरील पीकशास्त्र, मातीशास्त्र या व्यतिरिक्त अवकाशातील ग्रह, तारे, नक्षत्र, चंद्र, सूर्य इत्यादींचा अभ्यास केलेले कॉस्मिक सायन्स (वैश्विक ऊर्जा) याचाही अंतर्भाव केला आहे. कारण अंतराळातील या अदृश्य शक्तींचा प्रभाव पृथ्वीवरील १० सेंमी (४ इंच) खोलीवर पडतो. त्याचा परिणाम जमिनीवर पेरलेल्या पिकांवर, जिवाणूंवर व ओलाव्यावर होतो.

निसर्गात, वातावरणात अनेक शक्ती (फोर्सेस) कार्यरत आहेत. हे फोर्सेस साध्या नजरेला दिसत नाहीत. साधारणपणे मनुष्य जे दिसते त्यावरच विश्वास ठेवतो, हे चुकीचे आहे. उदाहरणार्थ, हवा दिसत नाही, पण तिचा प्रभाव आहे; तसेच हे अदृश्य फोर्सेस आहेत. त्यांचा परिणाम जमीन, पीक, जमिनीतील जिवाणू, पिकांची वाढ, भूगर्भातील

पाणी / ओलावा, यावर होत असतो, हे सखोल अभ्यासांनी सिद्ध झाले आहे.

सॉईल सायन्स, क्रॉप सायन्स व कॉस्मिक सायन्स यांचा एकत्रितपणे अभ्यास करून बायोडायनामिक शेती पद्धती विकसित केल्यामुळे ही सेंद्रिय शेतीची पुढची पायरी म्हणून ओळखली जाते.

मानवाप्रमाणे पृथ्वीसुद्धा श्वास घेते व सोडते. परंतु ही क्रिया वेगळी असते. हिवाळ्यात श्वास आत घेते तेव्हा वातावरणातील सर्व फोर्सेस पृथ्वीच्या पोटात जातात. सायंकाळी पृथ्वी श्वास आत घेते, त्या वेळी फुले-पाने आकुंचन पावतात. सकाळी पृथ्वी श्वास बाहेर सोडते.

बायोडायनामिक शेती पद्धतीत प्रामुख्याने बायोडायनामिक कंपोस्ट, सीपीपी, बीडी ५००, बीडी ५०१, बीडी ५०२ ते ५०७ प्रिपरेशन्स, बीडी तरल खत या निविष्ठा (सेंद्रिय शेतीनिविष्ठेशिवाय) वापरल्या जातात. बीडी प्रिपरेशन्स रेडिओ अँटेनासारखे काम करतात. त्या अंतराळातील ऊर्जा पकडतात आणि योग्य ते 'रेडिओ स्टेशन' लावून विविध फोर्सेसमधून हवे ते फोर्सेस ओढून घेतात. त्यांचा पिकाच्या वाढीसाठी कीड-रोगप्रतिकारक क्षमतेसाठी उपयोग करून घेतात. यावर सहसा विश्वास ठेवला जात नाही. अंधश्रद्धा म्हणूनही कदाचित त्याकडे दुर्लक्ष केले गेले आहे. प्रत्यक्षात वरील निविष्ठा वापरल्यावर त्याचा उभ्या पिकावर होणारा अनुकूल परिणाम व उत्पन्नवाढीची प्रचिती आल्यावर आपोआप विश्वास ठेवला जातो.

बायोडायनामिक शेती पद्धती उत्तरोत्तर विकसित करण्याचे प्रयत्न चालू आहेत. तूर्त सूर्य, पृथ्वी, चंद्र, शनि या ग्रहांचाच अधिक अभ्यास व त्यांचा पिकावर होणारा परिणाम याचे तपशील उपलब्ध आहेत.

पृथ्वीवर एकूण पृष्ठभागापैकी ७१ टक्के समुद्र व २९ टक्के जमीन आहे. सूर्याच्या पृष्ठभागाचे तापमान ६०००° सें. असून आतले तापमान पाच कोटी डिग्री सेंटिग्रेड असते. सूर्यापासून पृथ्वीला १.४ किलोवॅट प्रति चौरसमीटर सौरऊर्जा मिळते.

रासायनिक शेतीमध्ये वापरली जाणारी विषारी रासायनिक खते, तणनाशके, कीड व रोगनाशके यांच्या अतिरेकी वापरामुळे जमिनी बहिऱ्या, जिवाणूजन्य, संवेदनाहीन झाल्या आहेत. त्यामुळे अशा जमिनीवर घेण्यात आलेल्या अन्नधान्याच्या व फळांच्या सेवनाने मानवी आरोग्यही धोक्यात आले आहे. अशा परिस्थितीत बायोडायनामिक शेती पद्धतीत वापरलेल्या निविष्ठा बीडी प्रिपरेशन्समुळे रासायनिक खते बाहेरून न वापरता, पिकांना हवी असणारी मूलद्रव्ये अंतराळातून, जमिनीतील सूक्ष्म जिवाणूंद्वारे पुरवण्याचे काम, पिकांमध्ये कीड-रोगप्रतिकारशक्ती निर्माण करण्याचे कार्य बायोडायनामिक शेती पद्धतीत केले जाते.

चंद्र उपग्रहापासून ठरावीक काळात पृथ्वीवरील पिकांना कॅल्शिअम फोर्सेस जे पीकवर्धक आहेत ते मिळवून देऊ शकतो. तसेच शनि या ग्रहापासून सिलिका फोर्सेस ठरावीक दिवशी मिळतात. त्यातून ऊर्जा, सूर्यप्रकाश अधिक प्रमाणात मिळवून घेण्याची क्षमता पिकांना पुरवण्यात येते. कीड-रोगांचा प्रादुर्भाव कमी करण्यासाठी; किंबहुना त्यांना दूर ठेवण्याची प्रतिकारक्षमता सिलिकाद्वारे प्रदान करण्यात येते.

वातावरणात एकूण चार प्रकारचे फोर्सेस कार्यरत असतात :

१. स्ट्राँग फोर्सेस (अत्यंत प्रभावशाली)

२. वीक फोर्सेस (कमी प्रभावशाली)

३. इलेक्ट्रोमॅग्नेटिक फोर्सेस (विद्युत चुंबकीय प्रभाव)

४. ग्रॅव्हिटेशनल फोर्सेस (गुरुत्वाकर्षणाचा प्रभाव)

या सर्वांचा एकत्रित परिणाम जमीन व त्यावरील पिकांवर सतत होत असतो. पिकांना अनुकूल असणारे हे चार घटक, हवे त्या प्रमाणात, हवे तेव्हा पुरवण्याचे कार्य बायोडायनामिक शेती पद्धतीत करण्यात येते.

शनि ग्रह

शनि ग्रहाभोवती ७५,००० किलोमीटरचे वर्तुळ (रिंग) आहे. तेथे वारा १५०० किलोमीटर प्रति तास वेगाने वाहतो. शनि ग्रह पृथ्वीपासून १०० कोटी मैल लांब आहे. तेथे उणे १५०° सें. तापमान आहे. त्याला नऊ उपग्रह आहेत. नवीन संशोधनानुसार २३ उपग्रह आहेत, असे सांगितले जाते. शनिभोवती मेघाचे वर्तुळ आहे. त्यात हेलियम, हायड्रोजन, मिथेन व अमोनिया हे वायू ओहत. त्याचा रंग पिंगट भुरका आहे. शनि १० तास ३९ मिनिटाला एक प्रदक्षिणा पूर्ण करतो. त्याला तीन वलये (रिंग्ज) आहेत - बाह्य, मध्य व आतील वलय. सर्वांत मोठा उपग्रह टिटॉन आहे.

शनिवर १५ टक्के हायड्रोजन व ३५ टक्के हेलियम आहेत. टिटॉन उपग्रह गुरू (ज्युपिटर) ग्रहापेक्षा चार पट मोठा आहे. त्यावर अमोनिया व मिथेन वायू आहे. त्यावर मिथेनोजेनिक जीव असू शकण्याचे अनुमान आहे.

महिन्यातून एक किंवा दोन दिवस चंद्र आणि शनि ग्रह एकमेकांसमोर असतात. त्याला MOS - Moon Opposite Saturn दिवस म्हणतात. त्या दिवशी चंद्राकडून कॅल्शिअम (पीकवर्धक) व शनिपासून सिलिका (पीकसंरक्षक) फोर्सेस पिकांवर प्रभाव पाडतात. तो दिवस कोणत्याही पिकाची पेरणी वा इतर शेतीकामासाठी सर्वोत्तम असतो.

चंद्र उपग्रह : चंद्र हा पृथ्वीचा एकमेव उपग्रह पृथ्वीपासून तीन लाख ८४ हजार किलोमीटर दूर असतो. महिन्यातून एकदा किंवा कधीकधी दोनदा पौर्णिमेच्या दिवशी चंद्राचा आकार १४ टक्क्यांनी मोठा दिसतो तसेच ३० टक्के प्रकाश वाढलेला दिसतो. त्या वेळी त्याचे पृथ्वीपासून अंतर तीन लाख ५६ हजार किलोमीटर असते. म्हणजे ते नेहमीपेक्षा २८,००० किलोमीटरने कमी असते. त्यामुळे त्यावरील गुरुत्वाकर्षणाचा प्रभाव वाढलेला असतो. त्याला 'सुपरमून दिवस' म्हणतात.

अमावास्येला चंद्र प्रभावहीन असतो. कारण त्या वेळी गुरुत्वाकर्षणाचा प्रभाव शून्य असतो. त्या वेळी समुद्राला ओहोटी लागते. याउलट, पौर्णिमेच्या दिवशी चंद्र पृथ्वीपासून २८,००० किलोमीटर जवळ असल्याने गुरुत्वाकर्षण शक्ती वाढलेली असते. त्याच्या प्रभावाने समुद्राच्या पाण्याला भरती येते तेव्हा जमिनीतील पाण्याची पातळीही वाढून ओलावा वर येतो. त्यामुळे पौर्णिमेच्या ४८ तास आधी बियाणे पेरले तर ओलाव्याच्या उपलब्धतेमुळे बियाणे लवकर उगवते. त्यात तूट न होता प्रति एकर झाडाची अपेक्षित संख्या मिळते.

बायोडायनामिक शेती पद्धतीमध्ये बियाणे पेरणीचा दिवस ठरवताना उत्तरायण काळ चालू आहे, की दक्षिणायन काळ आहे, याचाही विचार केला जातो.

उत्तरायण : चंद्र भ्रमण करत मकर राशीतून मिथून राशीत जाताना उत्तरायण असते. मकर राशी दक्षिण गोलार्धात आहे. तेथून चंद्र उत्तर गोलार्धात (कर्कवृत्ताकडे) जातो. या वेळी असे मानले जाते, की पृथ्वी श्वास बाहेर सोडते, ज्यामुळे जमिनीच्या पृष्ठभागावरील वनस्पती (पिके) वाढीवर अनुकूल प्रभाव पडत असतो. वनस्पतीतील जीवनरस शक्तिनिशी वरवर येऊ लागतो. त्यामुळे वनस्पतींना तो रसरशीत करतो. या कारणामुळे वनस्पतींची वाढ झपाट्याने होते.

चंद्र उत्तरायण अवस्थेत असताना पुढील शेतीकामे करण्याची शिफारस आहे :

१. कंदपिके सोडून इतर पिकांची कापणी

२. बियांची पेरणी
३. बायोडायनामिक प्रिपरेशन ५०१ (दिव्य) सकाळी पिकावर फवारावे.

दक्षिणायन : चंद्र भ्रमण करत कर्क राशीतून धनु राशीत जाताना दक्षिणायन असते. असे समजले जाते, की या वेळी पृथ्वी या काळात श्वास आत घेते. म्हणून वनस्पतींचे जे भाग जमिनीत असतात (उदाहरणार्थ, कंदमूळ) त्यात जीवनरस अधिक वाढतो.

चंद्र दक्षिणायन अवस्थेत असताना पुढील शेतीकामे करावीत.
१. शेत नांगरणे, पेरणीसाठी जमीन तयार करणे, खत बनवणे, शेतात खत टाकणे
२. हिरवळीचे खत शेतात पसरणे, त्यावर दाब देणे
३. फळझाडांची छाटणी करणे
४. रोपांची लागवड करणे
५. कंदपिके काढणे
६. बायोडायनामिक प्रिपरेशन ५०० पेरणीपूर्वी दोन दिवस अगोदर सायंकाळी शेतात शिंपडावे. याच काळात दुसरी फवारणीही सायंकाळी करावी.

बायोडायनामिक शेती कॅलेंडर २०२२

बायोडायनामिक शेती पद्धती जगातील न्यूझीलंड, अमेरिका, ऑस्ट्रेलियासह ७० पेक्षा अधिक देशांतील शेतकर्‍यांनी अवलंबली आहे. पीकविज्ञान व मृदविज्ञान यांना ब्रह्मांडविज्ञानाची जोड देऊन सेंद्रिय पद्धतीने शेती केली तर रासायनिकपेक्षा ८ ते २० टक्के उत्पन्न वाढवता येते, असे असंख्य शेतकर्‍यांनी अनुभवले आहे.

ब्रह्मांडविज्ञानाधारित तयार केलेल्या बायोडायनामिक कॅलेंडर २०२१मधील महिनानिहाय व दिनांकनिहाय शेतीकामे सोबतच्या कॅलेंडरमध्ये नमूद केली आहेत. त्याचा सविस्तर तपशील पुढे दिला आहे.

MOS : या दिवशी 'मून अपोझिट सॅटर्न' म्हणजे चंद्र शनि ग्रहासमोर असतो. या वेळी चंद्र ग्रहाकडून कॅल्शिअम (पीकवर्धक मूलद्रव्य) फोर्सेस व शनि ग्रहाकडून सिलिका (कीडरोग प्रतिकारक मूलद्रव्य) फोर्सेस पृथ्वीवरील पिकांना मिळतात. हा दिवस पेरणीसह अन्य शेतीकामांसाठी सर्वोत्तम दिवस असतो.

या दिवशी पेरणी केल्यास पीक जोमदार वाढते व त्यावर कीडरोगांचा प्रादुर्भाव कमी होतो. प्रत्येक २७.३ दिवसांनी हा दिवस येतो. या अवधीत चंद्र १२ राशी व २७ नक्षत्रे पार करतो. या दिवशी बीडी ५०१ ची पहाटे फवारणी करावी तसेच बीडी द्रवरूप खत द्यावे.

पेरणीसाठी सर्वोच्च प्राधान्य देऊन या दिवशी पेरण्याचा प्रयत्न करावा.

पौर्णिमेच्या ४८ तास आधी पेरणी : MOS हा दिवस पेरणीसाठी सर्वोत्तम असून, त्या दिवशी काही कारणांमुळे पेरणी करता आली नाही, तर पौर्णिमेच्या ४८ तास आधी पेरणीसाठी उत्तम आहे. तेव्हाही जमले नाही तर पेरणीसाठी चांगला दिवस म्हणजे चंद्र उत्तरायण स्थितीत (असेंडिंग पीरियड) असताना करावी.

चंद्राची गुरुत्वाकर्षण शक्ती पृथ्वीपेक्षा सहा पटीने कमी असली तरी पौर्णिमेच्या दिवशी चंद्र पृथ्वीपासून नेहमीपेक्षा २८,००० किलोमीटरने जवळ असल्याने समुद्राला भरती येते व जमिनीतील ओलावाही पृष्ठभागाकडे खेचला जातो. त्यामुळे पौर्णिमेच्या ४८ तास आधी बी पेरले तर दोन दिवसांत ते फुगते आणि ओलावा मिळाल्याबरोबर अंकुरते. त्यामुळे उगवणीचे प्रमाण वाढते व पिकांत नांगे पडत नाहीत.

↑ : असे चिन्ह असलेल्या तारखांचे वेगळे महत्त्व आहे. त्यांना 'असेंडिंग मून पीरियड' म्हणतात. या वेळी चंद्र उत्तरायण स्थितीत असतो. त्याचे भ्रमण मकरमधून मिथुन राशीत होते. हा दिवस पेरणीसाठी चांगला असतो. या काळात चंद्र कर्कवृत्ताकडे जातो. या दिवशी जमिनीतील पिके उदाहरणार्थ, बटाटा, गाजर, हळद, आलं, मुळा इत्यादी वगळता अन्य सर्व पिकांची पेरणी किंवा काढणी करावी. बायोडायनामिक ५०१ सूर्योदयापूर्वी पिकांवर हवेत फवारावे, कलमा तयार कराव्यात, उसासाठी बेणे तोडावे.

नोड (NODE) : या दिवशी चंद्राचा प्रभाव शून्य असतो. पेरणीसह सर्व शेतीकामासाठी हा अत्यंत अशुभ दिवस असतो. पौर्णिमेच्या दिवशी चंद्रग्रहण व अमावास्येच्या दिवशी सूर्यग्रहण असणारा हा दिवस असतो.

या दिवशी पेरलेल्या पिकांची वाढ चांगली होत नाही. त्यावर कीडरोगांचा प्रादुर्भाव जास्त असतो. प्रत्येक महिन्यात २७.२ दिवसांनी नोडचा दिवस येतो. या दिवशी शेतकऱ्यांनी पेरणीसह कोणतेही शेतीकाम करणे टाळावे.

ॲपोजी (Apogee) : चंद्र पृथ्वीभोवती अंडाकार कक्षेतून (लंबवर्तुळाकार) फिरतो. २७.५ दिवसांत त्याची एक कक्षा पूर्ण होते. जेव्हा चंद्र पृथ्वीपासून अति दूर असतो तेव्हा 'ॲपोजी' दिवस असतो.

या दिवशी कोणतेही बियाणे पेरू नये. पेरले तर पिके अशक्त तयार होतात. परंतु बटाटा लावण्यास हरकत नाही. या दिवशी लावलेल्या बटाट्यांचा आकार मोठा मिळतो; पण संख्येने ते कमी लागतात. बटाट्यांपासून चिप्स तयार करायचे असतील तर बटाटा लावायला हरकत नाही.

पेरिजी (Perigee) : चंद्र पृथ्वीभोवती अंडाकार कक्षेतून फिरत असताना या दिवशी तो पृथ्वीच्या अति निकट येतो. तो दिवस 'पेरिजी' समजला जातो.

या दिवशी पेरणी करू नये. बीजातून अशक्त पीक येते. परंतु बटाटा लावता येतो. बटाटे आकाराने मोठे होत नसले तरी त्यांची संख्या जास्त मिळते. बियाणे निर्मितीसाठी या दिवशी बटाटा लावावा.

अमावास्या : शेतीकामासाठी हा अशुभ दिवस आहे. या दिवशी पेरणी टाळावी. अमावास्येच्या दिवशी चंद्राची गुरुत्वाकर्षण शक्ती शून्य असते. चंद्राची नेहमीची गुरुत्वाकर्षण शक्ती पृथ्वीपेक्षा एक-षष्ठांश असते.

अमावास्येच्या दिवशी पेरणी केल्यास बी नीट उगवत नाही, नांगे (गॅप) पडतात. या दिवशी पेरणी व रोपांचे स्थलांतर करणेही टाळावे. त्याऐवजी गवत कापावे, लाकडासाठी झाड तोडावे, बैलांना विश्रांती द्यावी.

अमावास्येच्या २४ तास आधी पेरणी : पिकांवर कीडरोगांचा प्रादुर्भाव होतो. त्यासाठी कीडरोगनाशके फवारावी लागतात. किडींच्या 'लेपिडोप्टेरा' कुळातील कीटक बहुसंख्य पिकांवरील पाने, फांद्या, कळ्या व फळांवर उदरनिर्वाह करतात व पिकांचे नुकसान करतात. या कुळातील किडींचे पतंग अमावास्येच्या रात्री कोवळ्या पानांवर, कळ्यांवर आपली अंडी घालतात. नंतर त्यातून अळी बाहेर पडते. या पतंगांना अंडी टाकण्यापासून परावृत्त करण्यासाठी अमावास्येच्या २४ तास आधी पिकांवर निंबोळी अर्क, दशपर्णी यासारख्या वनस्पतिजन्य औषधांची फवारणी केली तर औषधाच्या वासामुळे पतंग अंडी टाकणे टाळतात व पुढे त्यातून अळीच बाहेर पडत नसल्याने किडींपासून होणारे संभाव्य नुकसान टळते.

↓ : असे चिन्ह असलेल्या तारखांना 'डिसेंडिंग मून पीरियड' म्हणतात. या वेळी चंद्र दक्षिणायन

स्थितीत असतो. या काळात चंद्र कर्क राशीतून धनू राशीत भ्रमण करतो. या वेळी पृथ्वी श्वास आत घेते, म्हणू ज्या पिकांचे जे भाग जमिनीत असतात— उदाहरणार्थ, बटाटा, कांदा, लसूण, आलं, मुळा, गाजर इत्यादी—यात जीवनरस अधिक वाढतात, ते चांगले पोसले जातात.

या दिवशी जमिनीतील पिकांची काढणी करावी, रोपांचे स्थलांतर करावे, खत तयार करावे, खत द्यावे, हिरवळीचे पीक शेतात पसरावे - गाडावे, फळझाडांची छाटणी करावी, कंदपिकांची काढणी करावी, बीडी ५०० शेतात शिंपडावे.

बियाणे / फळझाड लागवड (Seed, Fruit Crops) : या दिवशी अन्नधान्ये, कडधान्ये, तेलबिया, कापूस इत्यादी बियाणे, तर मोसंबी, संत्रा, आंबा, चिक्कू इत्यादी फळझाडे लावावीत.

जमिनीतील पिके (कंदमुळे) लागवड (Root days) : या दिवशी हळद, कांदा, लसूण, मुळा, गाजर, आलं, भुईमूग अशी भूमीतील पिकांची लागवड / काढणी करावी.

फूलकोबी, फुलं लागवड (Flower days) : या दिवशी फूलकोबी, मोगरा, गुलाब, जरबेरा, झेंडू इत्यादी फुलांची लागवड / काढणी करावी.

लीफ डे (Leaf days) : या दिवशी मेथी, पालक, शेपू, चाकवत, कोथिंबीर या पालेभाज्या, चारापिके, ऊस ही पिके लावावीत / काढावीत.

■■■

शेतीकामाचे बायोडायनामिक कॅलेंडर : २०२२

महिना	पेरणीसाठी योग्य दिवस			चंद्र राशीनुसार पेरणीसाठी शुभ दिवस				चंद्र दक्षिणायन स्थितीतील दिवस Descending Moon Period	कीडनाशक फवारणी	पेरणीसाठी अशुभ दिवस			
	MOS शनि, पृथ्वी आणि चंद्र एका रेषेत	पौर्णिमेच्या ४८ तास आधी	चंद्र उत्तरायण स्थितीतील दिवस (scending Moon Period)	बियाणे / फळझाड (Seed / Fruit Days)	कंदपिके / जमिनीतील पिके (Root Days)	फूलपिके (Flower Days)	पालेभाज्या (Leaf Days)		अमावास्येच्या २४ तास आधी	नोड (Node) पेरणीस अत्यंत अशुभ	ऑपोजी (pogee) पेरणी टाळा	पेरिजी (Perigee) पेरणी टाळा	अमावास्या (New Moon) पेरणी टाळा
जानेवारी	१९	१५	३ ते १२ १५ ते १७	१०, ११, १२, २०, २१, २९	४, ५, २२, २३, २४, ३१	६, ७, १५, १६, १७, २५, २६	१, ८, ९, १८, १९, २८	१, २ १८ ते ३०	१, ३१	१३, २७	१४	२, ३०	२
फेब्रुवारी	१६	१४	२ ते ८, १०, १२, १३, २८	६, ७, १७, १८, २५, २६	१०, १९, २०, २८	२, ३, १२, १३, २१, २२	४, ५, १४, १५, २४	१५ ते २६	-	९, २३	११	२७	१
मार्च	१५	१६	१, ३ ते ७, ९, १०, १२, १३, २६ ते ३१	६, ७, १६, १७, २५, २६	१, १०, १८, १९, २७, २८	१, ३, १२, २०, २१, २९, ३०	४, ५, १३, १४, १५, २३, ३१	१४ ते २५	१, ३१	८, २२	११	२४	२
एप्रिल	१२	१४	२, ३, ५, ६, ७, ९, २३ ते २९	२, ३, १२, १३, १४, २१, २२	४, ६, १५, १६, २३, २४	७, ९, १७, २५, २६	१०, ११, २०, २७, २८, २९	१० ते २२	२९	४, १८	८	१९	१, ३०
मे	९	१४	१, ३, ४, ६, ७, २० ते २९, ३१	९, १०, ११, १८, १९, २७, २८	३, १२, १३, २०, २१, २९, ३०, ३१	४, ६, १४, १५, २२, २३	७, ८, २४, २५, २६	८ ते १९	२९	२, १६	५	१७	३०
जून	६	-	१, ३, १६ ते २४, २६, २७, ३०	६, ७, १६, २३, २४	८, ९, १७, १८, २६, २७	१, १०, ११, १९, २०, २८, ३०	३, ४, ५, १३, १४, २१, २२	४ ते १५	२८	१२, २५	२, २९	१५	२९

महिना	पेरणीसाठी योग्य दिवस			चंद्र राशीनुसार पेरणीसाठी शुभ दिवस				चंद्र दक्षिणायन स्थितीतील दिवस Descending Moon Period	कीडनाशक फवारणी	पेरणीसाठी अशुभ दिवस			
	MOS शनि, पृथ्वी आणि चंद्र एका रेषेत	पौर्णिमेच्या ४८ तास आधी	चंद्र उत्तरायण स्थितीतील दिवस (scending Moon Period)	बियाणे / फळझाड (Seed / Fruit Days)	कंदपिके / जमिनीतील पिके (Root Days)	फूलपिके (Flower Days)	पालेभाज्या (Leaf Days)		अमावास्येच्या २४ तास आधी	नोड (Node) पेरणीस अत्यंत अशुभ	अपोजी (pogee) पेरणी टाळा	पेरिजी (Perigee) पेरणी टाळा	अमावास्या (New Moon) पेरणी टाळा
जुलै	३, ३०	११	१४ ते २१, २३, २५ २७	३, ४, ५, १२, २१, ३०, ३१	६, ७, १४, १५, २३, २४	८, १६, १७, २५, २७	१, २, १०, ११, १८, १९, २०, २८, २९	१ ते १३, २९ ते ३१	२७	९, २२	२६	१३	२८
ऑगस्ट	२६	१०	११ ते २२, २४	३, ४, १२, १३, ३१	५, ७, १४, १५, २४	८, ९, १६, १७, २५, २६	१, २, ११, १९, २०, २१, २२, २८, २९, ३०	१ ते ९, २५ ते ३१	२६	६, १८	२३	१०	२७
सप्टेंबर	२२	८	६, ८ ते १३, १५ ते १८, २०	५, ६, १३, १५, २३, २४	८, १६, १७, २७	१, ९, १०, १८, २८	३, ४, ११, १२, २०, २१, २२, ३०	१ ते ५, २१ ते ३०	२४	२, १४, २९	१९	७	२५
ऑक्टोबर	१९	७	५ ते ११, १३ ते १६, ३१	२, ३, १०, ११, २०, २१, २२, ३०	५, १३, १४, २३, २४, ३१	६, ७, १५, १६	१, ८, ९, १८, १९, २७, २८	१, २, ३, १८ ते ३०	२४	१२, २६	१७	४, २९	२५
नोव्हेंबर	१६	६	१ ते ७, ९ ते १३, २७ ते ३०	७, १७, १८, २५, २७	१, २, ९, १०, ११, १९, २०, २८, २९	३, ४, १२, १३, २१, ३०	५, ६, १५, १६	१५ ते २६	२२	८, २२	१४	२६	२३
डिसेंबर	१३	६	१ ते ४, ६ ते ११, २५ ते ३१	४, ६, १४, १५, १६, ३१	७, ८, १७, १८, २५, २६	१, ९, १०, १९, २७, २८	२, ३, ११, १३, २१, २२, २९, ३०	१२ ते २४	२२	५, २०	१२	२४	२३

महिना	पेरणीसाठी योग्य दिवस			चंद्र राशीनुसार पेरणीसाठी शुभ दिवस				चंद्र दक्षिणायन स्थितीतील दिवस Descending Moon Period	कीडनाशक फवारणी	पेरणीसाठी अशुभ दिवस			
	MOS शनि, पृथ्वी आणि चंद्र एका रेषेत	पौर्णिमेच्या ४८ तास आधी	चंद्र उत्तरायण स्थितीतील दिवस (scending Moon Period)	बियाणे / फळझाड (Seed / Fruit Days)	कंदपिके / जमिनीतील पिके (Root Days)	फूलपिके (Flower Days)	पालेभाज्या (Leaf Days)		अमावास्येच्या २४ तास आधी	नोड (Node) पेरणीस अत्यंत अशुभ	ऑपोजी (pogee) पेरणी टाळा	पेरिजी (Perigee) पेरणी टाळा	अमावास्या (New Moon) पेरणी टाळा
शेतीकामे	पेरणीस सर्वोत्तम दोन दिवस आधी पेरणी करा. सर्व शेतीकामास शुभ दिवस सायंकाळी बीडी ५०० शिंपडा. सकाळी बीडी ५०१ फवारा. कंपोस्ट तयार करा. वृक्ष लागवड करा. रोपांचे स्थलांतर करा.	पेरणीस उत्तम जमिनीतील ओलावा वर येतो. पौर्णिमेला फळबाग छाटणी सायंकाळी बीडी ५० शिंपडा.	पेरणीस चांगला दिवस ऊस बेणे तोडा. भेट-कलमांसाठी कलम कापा. बीडी ५०१ सकाळी फवारा. कंदपिके / जमिनीतील पिके वगळता सर्व पिकांची काढणी करा.	सोयाबीन, तूर, मूग, उडीद, बीन्स, ज्वारी, बाजरी, टोमॅटो, मिरची, सिमला मिरची, वांगे, खिरा इत्यादी पेरा. आंबा, पेरू, संत्रा, चिकू, मोसंबी, स्ट्रॉबेरी, लागवड व काढणी करा.	लसूण, हळद, कांदे, आले, भुईमूग, बटाटे, रताळी, गाजर, मुळा, सफेद मुसळी, बीटरूट इत्यादी. जमिनीवर सायंकाळी बीडी ५०० शिंपडा.	गुलाब, चंपा, मोगरा, काकडा, जरबेरा, ब्रोकोली, फूलकोबी लावा.	पालक, मेथी, कोथिंबीर (सांबार), शेपू, चुका लावा. ऊस, पानकोबी, चारापिके लागवड व काढणी	पेरणीपूर्व जमीन मशागत, नांगरट, वखरणी कंपोस्ट तयार करणे / देणे चारा कापणे फळबाग छाटणी कंदपिके काढा व साठवा. रोपांचे स्थलांतर बीडी ५०० जमिनीवर सायंकाळी शिंपडा.	अमावास्येच्या रात्री किडींचे पतंग पिकांवर अंडी घालतात. अमावास्येच्या एक दिवस आधी कीडनाशक फवारा. पिकांना कडू वास आल्याने पतंग अंडी घालत नाहीत.	पौर्णिमेला चंद्रग्रहण व अमावास्येला सूर्यग्रहण असणारा अत्यंत अशुभ दिवस चंद्राचा शून्य प्रभाव असतो. पिकावर कीड व रोगांचा प्रादुर्भाव जास्त होतो.	चंद्र पृथ्वीपासून अतिदूर असणारा हा दिवस. या दिवशी पेरले तर उगवण कमी होते, पीक वाढत नाही. अशक्त राहते. पिकांवर कीडरोगांचा प्रादुर्भाव जास्त होतो.	चंद्र पृथ्वीपासून अतिनिकट असणारा हा दिवस. या दिवशी पेरले तर उगवणवाढ कमी पिकांवर कीडरोगांचा प्रादुर्भाव जास्त होतो.	शेतीसंबंधी कोणतेही काम करू नये. चंद्राचा प्रभाव शून्य असतो. पेरणी टाळा.

संदर्भसूची

१. *ॲग्रोवन, खरीप विशेषांक,* २५ मे २०१८

२. *आधुनिक किसान, अद्रक पीक व्यवस्थापन,* एप्रिल २०१४

३. *आधुनिक किसान, यशकथा भाजीपाल्यांच्या* १७ ते २३ ऑक्टोबर २०१३

४. *ऑरगॉनिक कल्टिव्हेशन ऑफ व्हीट,* सेंटर फॉर सस्टेनेबल ऑग्रीकल्चर (सीएस) सिकंदराबाद, आंध्र प्रदेश

५. *ऑरगॉनिक कॉटन सीड प्रॉडक्शन,* सेंटर फॉर सस्टेनेबल ऑग्रीकल्चर डेव्हलपमेंट - डायलॉग, फेब्रुवारी २०१५

६. *ऑरगॉनिक पॅडी कल्टिव्हेशन,* सेंटर फॉर सस्टेनेबल ऑग्रीकल्चर (सीएसए), सिकंदराबाद, आंध्र प्रदेश

७. *कमी खर्चाची ऊस शेती,* प्रताप चिपळूणकर

८. *कांदा उत्पादन तंत्रज्ञान,* कृषि विज्ञान केंद्र (पायरेन्स), बाभळेश्वर, ता. राहता, जि. अहमदनगर

९. *कापसाची सेंद्रिय शेती,* केंद्रीय कापूस संशोधन संस्था, नागपूर

१०. *कापूस लागवड तंत्रज्ञान,* मराठवाडा कृषी विद्यापीठ

११. *कृषी दैनंदिनी* २०२०, डॉ. बाळासाहेब सावंत कोकण कृषी विद्यापीठ, दापोली, जि. रत्नागिरी

१२. *कृषी दैनंदिनी* २०२०, महात्मा फुले कृषी विद्यापीठ, राहुरी, जि. अहमदनगर

१३. *कृषी रंग,* २००३-२००४, संपादक : के. एम. पाटील

१४. *कृषी संवादिनी* २०२०, डॉ. वसंतराव नाईक मराठवाडा कृषी विद्यापीठ, परभणी

१५. *कृषीदर्शनी* २०२०, डॉ. पंजाबराव देशमुख कृषी विद्यापीठ, अकोला

१६. *गोडवा उसाचा,* नोव्हेंबर २०१८

१७. *गोडवा उसाचा, भाजीपाला विशेष, रब्बी हंगाम,* नोव्हेंबर २०१८

१८. *गोडवा उसाचा, रब्बी पिके भाजीपाला विशेष,* डिसेंबर २००१

१९. *जनुकीय परिवर्तित पिके व अन्न*, महाराष्ट्र ऑर्गॅनिक फार्मिंग फेडरेशन (मॉफ), पुणे, महाराष्ट्र

२०. *टोमॅटो लागवड तंत्र*, ऑर्गॅनिक टोमॅटो प्रॉडक्शन, सेंटर फॉर सस्टेनेबल ॲग्रीकल्चर (सीएसए)

२१. *टोमॅटोची यशस्वी लागवड*, डॉ. रमेश नाकट, डॉ. दत्तात्रय भापकर

२२. *पीक उत्पादनाचे सेंद्रिय तंत्र*, प्रल्हाद सोनावणे

२३. *पूर्वा कृषिदूत*, ऊस विशेषांक, जानेवारी २०१३

२४. *पूर्वा कृषिदूत*, कापूस विशेषांक, मे २०१४

२५. *पॅकेज ऑफ ऑर्गॅनिक प्रॅक्टिसेस फ्रॉम तमिळनाडू*, सेंटर फॉर इंडियन नॉलेज सिस्टिम्स

२६. *पॅकेज ऑफ ऑर्गॅनिक प्रॅक्टिसेस फ्रॉम महाराष्ट्र*, महाराष्ट्र ऑर्गॅनिक फार्मिंग फेडरेशन (मॉफ), पुणे, महाराष्ट्र

२७. *बळीराजा*, भाजीपाला विशेषांक, मे २०११

२८. *बळीराजा*, भाजीपाला विशेषांक, मे-जून २०१३

२९. *बायोडायनामिक फार्मिंग अँड गार्डनिंग*, पीटर प्रॉक्टर

३०. *मृगधारा*, खरीप विशेषांक, २ जून २०१८

३१. *मृगधारा*, जुलै २०१२

३२. *मृगधारा*, सप्टेंबर २०१३

३३. *व्यावहारिक बायोडायनामिक शेती*, सुपा बायोटेक प्रा. लि., नैनिताल, उत्तराखंड

३४. *शाश्वत कापूस पुस्तिका*, कॉटन कनेक्ट साउथ एशिया प्रा. लि., हरियाणा

३५. *शेतकरी*, सेंद्रिय शेती विशेषांक, डिसेंबर २००१

३६. *शेतशिवार*, रावजी देसाई

३७. *समृद्धीसाठी सेंद्रिय शेती*, दिलीपराव देशमुख-बारडकर

३८. *सीताफळ*, नवनाथ मल्हारी कसमटे, १८ ऑक्टोबर २०१८ आवृत्ती

३९. *सेंद्रिय शेती पद्धती - प्रशिक्षण पुस्तिका*, महाराष्ट्र ऑर्गॅनिक फार्मिंग फेडरेशन (मॉफ), पुणे, महाराष्ट्र

४०. *सेंद्रिय शेती पद्धती*, कृषी आयुक्तालय, कृषी विभाग, महाराष्ट्र शासन

४१. *सेंद्रिय शेती यशाची पंचसूत्री*, महाराष्ट्र ऑर्गॅनिक फार्मिंग फेडरेशन (मॉफ), पुणे, महाराष्ट्र

■■■

दिलीपराव देशमुख बारडकर

एम.एस्सी. (ॲग्री), एलएल.बी.

- नामवंत कीटकतज्ज्ञ, हिंदुस्थान सिबा-गायगी इंडिया लिमिटेड उद्योगसंस्थेतून प्रांतीय संशोधन अधिकारी म्हणून निवृत्त
- सेंद्रिय व बायोडायनामिक शेती पद्धतीचे खंदे प्रचारक, बारड येथील स्वतःच्या शेतीत सेंद्रिय पद्धतीने विविध पिकांचे उत्पादन व संशोधन
- 'महाराष्ट्र ऑर्गॅनिक फार्मिंग फेडरेशन'(MOFF) पुणे, या संस्थेचे उपाध्यक्ष
- विविध शेतपिकांवरील किडी व त्यांचा प्रसार, किडींमुळे होणारे रोग, प्रतिबंधात्मक कीडनाशकांमध्ये वापरली जाणारी रसायने यांचे महाराष्ट्र, गोवा, कर्नाटक, मध्य प्रदेश व तमिळनाडू या राज्यांमध्ये प्रदीर्घ काळ संशोधन
- विविध स्वयंसेवी संघटनांच्या माध्यमातून सहयोगी शेती, सेंद्रिय शेतीविषयक मार्गदर्शन व प्रसार
- रेसिड्यू फ्री ॲण्ड ऑर्गॅनिक मिशन इंडिया फेडरेशन संस्थेचे सल्लागार म्हणून कार्यरत
- सेंद्रिय शेतीचे महत्त्व, रासायनिक कीडनाशकांचे धोके या विषयांवर अनेक वृत्तपत्रांमधून व नियतकालिकांमधून लिखाण
- विविध यशस्वी कृषिप्रयोगांवर आधारित मार्गदर्शनपर नऊ पुस्तके प्रकाशित
- जागतिक कृषी परिषद, २०१९मध्ये कृतिशील सहभागाबद्दल प्रशस्तिपत्र. त्याशिवाय शेतीमित्र, सिंचन मित्र, सेंद्रिय शेती शिल्पकार, स्व. शंकरराव किर्लोस्कर पारितोषिक, रेसिड्यू फ्री ॲण्ड ऑर्गॅनिक मिशन इंडिया फेडरेशनचे प्रशस्तिपत्र अशा विविध पुरस्कारांनी सन्मानित

www.ingramcontent.com/pod-product-compliance
Lightning Source LLC
LaVergne TN
LVHW081304210726
843509LV00019B/210